JN222626

スーパーカー外伝

松中 完二

母、君香の卒寿を祝して

「感情を奮い立たせ、厳選された材料でつくられた、他とは違うものを所有するという考え方、それがスーパーカーです。それはまるで3万ドルのブレゲの高級時計を所有するようなもの。過去に限定生産されたものを所有する誇りに似た感覚のものなのです。」

――――マルチェロ・ガンディーニ

まえがき

2022年暮れに、『フェラーリとランボルギーニ「スーパーカー」の正体』を上梓した。幸い本書は好評を博し、発売前から多くの問い合わせや事前注文を頂き、発売後約2ヶ月で完売し、2023年8月には重版も出版することができた。これに気をよくした著者が、調子に乗って出したのが本書である。

しかし、本書が生まれた本当の理由は別のところにある。

2020年12月、私は病に倒れ、人生初の長期入院を経験した。入院中最初の3日間はICU（Intensive Care Unit:集中治療室）で体中に管を通され、面会謝絶の絶対安静の植物状態、入院中は車椅子生活でリハビリの日々。ペンはおろか箸も握れない有様で、パソコンでキーボード入力なんて雲の上の神業に思えた。ミイラ取りがミイラよろしく、言語学者が売り物の言語さえも失った。しかし、そんな時でも意味は失わなかった。あとがきでもシニフィエとシニフィアンによる言葉と意味による世界の分化という現象でピアスとイヤリング、エクステとヅラの違いを題材に再び述べるが、入院期間は、言葉はなくても意味は残るということを再認識し、ますます言葉と意味について考えた豊かな時間でもあった。言葉はなくても意味は残るとは、簡単に言えば年を取って語彙が貧弱になり、「あれ」や「それ」という代名詞で色んな物を指し示すのと同じことである。そんな中、**有限の自分の存在を無限の言葉で残したいという本能的欲求だけが強く残った。だからこの本を書いた。悪いか？**

今ではICUで面会謝絶であったとか、車椅子生活をしていたと人に言ってもなかなか信じてもらえない。本書の文章を読んでも、一度言葉を無くした人間が書いたとは思われないだろう。それでいい。信じてもらえないことが私の喜びである。それぐらい回復した。いや、復活した。全盛期の最高記録であるコンクリートブロック4個には遠く及ばないが、まだまだ2個なら蹴り割れる。還暦間近の好々爺にしては、上出来だろう。絶滅危惧種なみに希少でレアでコアな私のファンは、私の元気な姿と文章を見て松中節炸裂などと言って狂喜乱舞するが、松中節だかカツオ節だか知らんが私はいたって普通だし、自然のエネルギーを全身に浴び、心の中では常に周囲に感謝しながら、今日も力強く大地を踏みしめて肩で風切って生きている。ガッハッハ。

そう思うと、ICUで過ごした時間は決して無駄ではなかった。そう言えば、私が博士号を取得した大学院もICU（International Christian University:国際基督教大学）だし、「スーパーカー」の世界でも学者の世界でもICU（Isolated Crazy Utopia:孤独な狂人の楽園）の住人だし、私はICUにご縁があるのだろう。全然関係ないか。アントニオ猪木ではないが、思えば私の人生は全てがいつも敗北から始まっている。猪木も私も下の名前はカンジだし。これも全然関係ないか。関係のあるICUは大学だけでいい。病院のICUも学者と「スーパーカー」のICUも、なるべく関わらないに越したことはない。

しかし、灰の中から生まれ変わるフェニックス（不死鳥）の如く、私は立ち上がった。そう遠くない将来、私が「スーパーカー」を降りる日も確実にやってくる。専門の研究同様、趣味の「スーパーカー」も集大成的なものを残しておきたく著したのが、前書『フェラーリとランボルギーニ「スーパーカー」の正体』である。前書では、これまでほったらかしになって消えていった種々の車雑誌の記事に眠っている珠玉の言葉を拾い集め、それを専門書の参考文献のごとく先行研究として論文風に仕立て上げるという試験的な遊び心が根底にあったが、それに気づいた読者は1人もいなかった。本当に論文になってしまったから。専門研究でも趣味の「スーパーカー」の世界でも、私の根底には同じ学問の血が流れている。研究も「スーパーカー」も好きでやっている趣味だから、向き合うスタンスは常に同じである。そして前書で得られた教訓は、先行研究を一つの漏れもなく徹底的に読破すれば全ての論が一つにつながり、道が拓けるという私の指導教授から続く、学問的流儀である。しかも日本に1冊しかないエンツォ・フェラーリの自著の初版を取り寄せたところ、それがなぜか故中曽根康弘元首相からの寄贈本で中曽根氏の寄贈印が入っており、驚きとともに望外の喜びであった。それがどうしたと言われればそれまでだが、こうした学問的な知的喜びに感動を覚えることは人が人として生きる上で、非常に大切なことである。特に「スーパーカー」オーナーなら、いらん改造をしたりダサい装飾をしたりして「スーパーカー」の無駄遣いをしないで、こうした知的興奮に喜びを覚える人間であって欲しい。**知性と品性と信用は、金では買えない最強のブランドである。「スーパーカー」はそのブランドの最たるものである。**だから研究者こそ「スーパーカー」に乗るべき最適の人種である。自己保身と権力と金の亡者でオタク世界の井の中の蛙となってしまっている研究者よ、「スーパーカー」に乗ろう！

話を戻そう。

今回はもっと万人受けするような内容で、肩肘はらない文章で書かせてもらった。ただし第1章は、大昔に私の授業を受けていた学生が、他の授業（確か「情報」とかいう科目だったと記憶している）の宿題で作らされた私のホームページの「スーパーカー」維持日記を大幅に加筆修正し、第8章は2024年3月に発表した「スーパーカー再考―マクラーレンについての一考察―」（久留米工業大学インテリジェント・モビリティ研究所編『研究報告』第7号、pp.11-

70.）に大幅な加筆訂正を施したものである。そのため、文章に多少の温度差があるのはご容赦いただきたい。それ以外の部分は一庶民が「スーパーカー」を購入し維持してきた偽らざる現実と、普通の車では体験しえないような「スーパーカー」オーナーあるあるを書きおろしでまとめた。**本書の全編に流れるメッセージは、日本に正しい「スーパーカー」文化を定着させたい**ということである。前書『フェラーリとランボルギーニ「スーパーカー」の正体』でも述べたが、一般大衆のレベルでは**ランボルギーニ車のドアをガル・ウィングと呼ぶ知ったかぶりが相変わらず後を絶たない。この国ではドアが上に開けば、全部ガル・ウィングである。日本は70年代から「スーパーカー」文化が定着も進展もしていない。**ガル・ウィング（gull wing）とは、その言葉通りカモメの翼の上下運動のごとく、ベンツ300SLやデロリアンのドアのように真横に上下に開閉するドアのことである。30年以上「スーパーカー」に乗っていると、「スーパーカー」に興味も関心もない一般ギャラリーからやれ何でエンジンが後ろにあるかだの、価格はいくらだの、何キロ出るかだの、燃費はどれくらいだのと、買うならまだしも買わないのに関係ねーじゃんというレベルの同じ質問を、発狂寸前になるほど何百万回とエンドレスに浴びせ続けられることになる。この現状は今後も変わらないだろう。たまたま芸能人と遭遇したから、普段はファンでもないけど珍しいしその場のノリでとりあえずファンのフリをして話しかけて、記念に写真だけ撮っとこ、みたいな感じと同じ。しょせん趣味の車としての域を出ない「スーパーカー」の立ち位置なんて、結局それでいいんだとも思う。だからこそ、反面教師の役割を担うこんな本が指南書としても歴史の備忘録としても、今後も絶対に必要になる。そもそもガル・ウィングという呼称の問題は、生活様式が車に関係ない農耕民族の日本人とその英語下手が原因かもしれないが。**「スーパーカー」以前に、車に大して興味もなく車なんて軽自動車で構わないという御仁は、本書で多少でも「スーパーカー」に興味を持ってもらえたら嬉しいな。**

本書は、一般人が「スーパーカー」に対する無知ゆえの偏見と先入観と色眼鏡で決めつけるような、ただの「スーパーカー」自慢でも金持ち自慢でもない。本書は、私のような普通の小市民が「スーパーカー」なるものを買うまでと買った後での生活、さらにはそこで垣間見た人間模様や「スーパーカー」にまつわる諸々を書き綴った私家版半生記である。だから本書には、ラ・フェラーリやマクラーレン・セナなどの億越えの「スペチアーレ（特別限定車）」やブガッティ・シロンやマクラーレンF1などの10億越えの「ハイパーカー」は死んでも出てこないのでご安心を。本書に出てくるのは、一般庶民が倹約に倹約を重ねて頑張れば多少手の届きそうな、一般向け市販「スーパーカー」の少し古いモデルばかりである。なぜなら、生産が終了した古いモデルを好きになるという私の個人的嗜好のせいと、私自身が庶民日本代表で手の届く一般向け市販「スーパーカー」しか買わない（買えない）からであり、自分の乗った車の実体験しか書けないからである。しかし同時に**本書の内容は、「スーパーカー」を通して見た日本社会の姿と大学教育に対する警鐘とメッセージ、私の心の叫びそのものである。**

これであなたも「スーパーカー」オーナーのお仲間になって、喜びと苦労を分かち合える心の友になってもらえたら、これ以上の喜びはない。ウンチクやオタクを捨てて、百の理屈より一の実践でまずは「スーパーカー」に乗ろう！

話はそれからだ。

2024年5月、黄金に揺れる天草の海を見ながら　著者

プロローグ：出会い

普段、生活の中で「スーパーカー」に出会うことはそうそうないであろう。運よく街中や高速道路上で「スーパーカー」に偶然遭遇することもあるだろうが、その台数の少なさから、そういうことは稀なことである。あるいはこちらに関心がなければ、街ですれ違っても気づかないまま、ということも少なくない。ときには高速道路上で遭遇することもあるかもしれないが、そういう時の「スーパーカー」はUFOなみに一瞬で彼方に消えて行ってしまうし、そもそも高速道路上なので運よくサービスエリアに停まっているのを見つけないかぎりは、出会いにつなげることは難しい。ではどうやって「スーパーカー」との出会いの場を作るか。

第一段階は、運よく身近に「スーパーカー」オーナーがいれば勇気を出してそのオーナーに話しかけて多少のお知り合いになって頼むことも可能だろう。また、現代はネット社会である。それこそ「スーパーカー」オーナーで作る車のサイトも山ほどある。情報網を張り巡らせていれば、いつどこで「スーパーカー」ミーティングが開催されるかという情報も簡単に手に入る時代である。そうしたらその「スーパーカー」ミーティングに足しげく通って、オーナーと顔見知りになり、お友達になる。オーナーの機嫌や運が良ければ、助手席に乗せて走ってくれることもあるだろう。定期的に開催される「スーパーカー」の集まりに足しげく通い、徐々にその会に認知されるよう人脈開拓の努力を怠ってはならない。フェラーリ車やランボルギーニ車が一斉に一堂に会する様は「スーパーカー」好きには垂涎物で、そこまで通う高速代やガソリン代など安いものである。

かくいう私も2000年にカウンタック購入を決心したとき、周りにカウンタックに乗っている人はいなかったし、街で遭遇することも全くなかった。そこで私が取った手は、ネットでのオーナー探しである。そこで、サラリーマンのカウンタックオーナで、ネット上でCountach Net.というサイトを開設していたTさんという主催者に連絡を取り、カウンタックを見せてもらえることになった。待ち合わせ場所の小岩駅前のロータリーの路肩にカウンタックが普通に止まっていて、驚きとともに全身が打ち震えるくらい感動したのを覚えている。そのままカウンタックの助手席に乗せてもらい、CoCo'sに行って一緒にランチを食べた。その時食べたハンバーグの旨いこと旨いこと‼人生で一番旨かった。それ以来CoCo'sは私の中で一種の聖地となり、CoCo'sを見るとあの時の新鮮で無垢な初心を思い出す。ランチ後再びカウンタックの助手席に乗せてもらって小一時間ほど街中を走ってもらい、「スーパーカー」の世界への扉を開けてもらった。これが、私の人生ではじめてのカウンタック体験であり、全てはここから始まった。

はじまりはじまり〜。

Countach Net. を開設したサラリーマンオーナーのTさんのカウンタックと筆者（2000年7月）

Contents

第1章

「スーパーカー」の購入は就活か婚活

1.1 運命の出会い

「スーパーカー」購入は、お近くのトヨタへみたいな感覚で簡単にできるものではないのはだれしも知るところだろう。「スーパーカー」購入には、運命の赤い糸なみの様々な出会いやストーリーが付きまとう。**「スーパーカー」の購入は、金の草鞋を履いて運命のお相手を探す就活か婚活そのものである。**私の半生は、「スーパーカー」とともにあったと言って過言ではない。お恥ずかしながら、「スーパーカー」にまつわる私の半生についてお話しさせて頂こう。

1978年8月、10歳の私は、ベイシティーローラーズ（BCR）を聴きながらコーラを片手に、天草の実家の前の海でタツノオトシゴをつかまえたりして、小3の夏休みを小粋に過ごしていた。そんな私を襲った衝撃、そう、70年代後半に日本中に吹き荒れた「スーパーカー」ブーム。現在50代の人ならあのブームの凄さを知ってるでしょうが、私もあのブームの衝撃をじかに受けてしまったのよ。その中でもランボルギーニ・カウンタック。この車こそがブームの主人公だった。でも当時はあまりのカウンタック人気に食傷気味で、個人的には二大横綱だったフェラーリ365GT4/BBの方が好きだった。でもやはりカウンタックの方がカリスマ性とか存在感とか全ての面でフェラーリとは段違いだってのは心のどこかに持ってた。その証拠が瓶のコカ・コーラ。当時、ブームに乗っかってコカ・コーラの瓶の裏ブタには「スーパーカー」の絵が描いてあって、灰色の薄いビニールの膜をはがすとそれが現れるようになっていた。やまぶき色のカウンタックLP400の後ろ姿が出れば当たり、365GT4/BBが出れば二等みたいな、自分の中で勝手にそんなルールを作って一種の抽選みたいな感じでドキドキしながら灰色の薄いビニールの膜をはがすのが唯一の楽しみだった。でも、出るのは決まってロータス・ヨーロッパばかり。ものすごいはずれの気分だった。この時の悔しい気持ちがトラウマとして私の心に深く棲みついて約20年後に再発するなんて、まだな〜んにも知らなかった平和なあの頃…。

そんなこんなでブームも去り、時は流れ…1988年、私は大学生となり、花の都東京にいた。その時英語の勉強のために買った『PENTHOUSE』なるステキなアメリカの雑誌に綺麗なお姉さんたちがハイレグ姿で立っていらっしゃるその横に、その綺麗なお姉さんたちよりも更に目立つ超ド級の女神様がいた。それはその女神様の特集記事で、その女神様に目が釘付けになった。その女神様の名前は、LAMBORGHINI COUNTACH LP5000 QUATTRO VALVOLE。純白ボディーに純白シート。そう、何もかもがまっしろしろのカウンタックが、そこにはいらっしゃったのである。

「あれ〜、カウンタックってまだいたのね〜。」

子供の時に見たカウンタックは黄色か赤と相場が決まっていた。でも目の前にいらっしゃるのはまっしろしろ。そんな色の組み合わせのカウンタックなんて初めて見た。

何だこれ?

白のカウンタックって、なんて恐れ多くて悪そうで、なのになんて高貴で上品なんだ。その瞬間、私は確かに女神を見た。そして忘れていた熱い何かが心の中に蘇るのを感じた。でも18歳の若造には、やはり別世界の手の届かない女神様という高貴な存在でしかなかった。時はバブル真っ只中。その真っ白な女神様には7500万円というプライスタグが下がっていた。女神様は遠い雲の上にいらっしゃった。バイトと日々の生活に追われる身には、バブルの喧騒も女神様の存在も再び忘却の彼方へと消えていったのである。

1.2 再会

さらにそれから10年、30歳となった私は、大学院生として日夜研究にいそしんでいた。年収は200万いかないくらいなのに土日は自腹切って日本全国東奔西走して学会参加で飛び回って休みはないし、人間関係は物凄く狭くて大変だし、10年以上、1日8時間労働の後に朝の4時頃まで研究という、赤貧洗うが如しを地で行く長く苦しい下積み生活を続けていた。そうしてると、世の中でこんなに不幸なのは自分独りだけなんじゃないかって物凄い孤独感と不安感に襲われるようになる。そんな中で、唯一自分の存在を確かめられてちょっと幸福を感じられるのは、店の自動ドアだけ。自分のために自動ドアが開くのを見て初めて「あ～私は間違いなくこの世に存在してるんだ」って客観的に自覚できるから。そんなこんなで、週末にデートなど普通の若者が過ごすような普通の生活にはとんと無縁で、今思い返しても本当に物凄い毎日を送っていた。しかもこの時は田舎の父親が骨髄性急性白血病を発症して死の淵をさまよったり、台風で実家の酒屋は半壊したり、生きるため食っていくための苦労をそらもうイヤというほど味わい、どん底の更に底でもがき苦しんでいた。

結果、父親の病気治療代や何やかんやで、30歳の若造は、中古のフェラーリ512TRが買える金額（1998年当時の時価で約800万円）を支払った。酒、タバコ、女、ギャンブルはおろか、旅行や買い物もしないで、家賃3万円の6畳風呂なしアパートに13年住んで必死に貯めた金だったのに…。移動も交通費浮かすために親戚からもらった捨てる手前の10年落ちのサイクリング自転車。これで仕事先と大学を1日往復40キロ移動してた。すると警官には盗難車だと思われ、いつも職務質問されてしまう。でもね、そんな生活してれば自然と金貯まるって。1ヶ月に10万貯めれれば1年で120万、10年で1200万貯まる。今となっては、一人暮らしだったからこそできたことだけど。でもそれが殆どぜ〜んぶ父親の治療代やらなんやらで持ってかれた日には、同じような経験した人間じゃなきゃ、この気持ちは分からないだろうなぁ。長い大学院生時代を過ごしていると、仕事もしないで好きなことしている自由人と思われるのか、その後父親が亡くなった時には、火葬場で父親の亡きがらが焼かれている隣の待合室で、義理の姉が「松中家の男はつまらん人間ばっかりじゃ‼」と私にあたってくる始末。鶏のトサカの話でも後述するが、文句があるなら遠回しに一番下っ端の言いやすい相手ではなく、直接文句の対象の本人に言いましょう。拙著『ソシュール言語学の意味論的再検討』(ひつじ書房、2018)でも書いたとおり、私は生まれた時の記憶がある特異体質なので、この言葉は死んでも忘れない。この時はその旦那さんが世間に通じた常識人で、罵倒されてへこんでいる私を見かねてかそっとその場を取りなし、「生まれて最初の敵は兄弟、身内だから」と私に優しくかけられた言葉に助けられた。でも、心にはいつもカウンタック。つらい事があると不思議と思い出す魔法の言葉。その思いを胸にがむしゃらにがんばった。スーパーな人生を送るスーパーな男に見合うスーパーな車は、この世にあれしかない。

そう、ランボルギーニ・カウンタック。

ああ、なんて甘美な響き。それは子供の頃に見た甘くはかない夏の夢。あるいはつらすぎる現実に心が悲鳴をあげて、幼児退行してるだけかも…。でも現実の生活はジリ貧の一途で、全然スーパーじゃなかったなぁ。そうして1年が過ぎ、ある時インターネットでTさんなる同年代のサラリーマンのカウンタック購入記に出逢う。そしてTさん御本人にも会い、Tさん所有のカウンタックも見せてもらい、なんと助手席にも乗せてもらった。初めて乗った感想は、カウンタックは何から何まで自分にピッタリの車だという確信だった。

一目惚れって怖いね。

そして、運命はいよいよ私をカウンタックとの出逢いに導いていく。時を同じくして、ネットオークションでランボルギーニのキーホルダーを購入したことがきっかけで、その出品者だった天草の同郷人のMと出逢う。Mは猛牛(ランボルギーニ)と跳ね馬(フェラーリ)を飼っており、静かな天草の道を我が者顔でブイブイいわしてるそうではないか。同郷だしそのうち会えるだろうと思っていた矢先、GWのとある晴れた吉日、Mがすでに所有していたディアブロSVをディアブロSVイオタに買い換えるため、東京世田谷にあるPという中古外車専門店にやってくることになった。その日は私も用事があったのだが、ディアブロSVイオタ見たさとMに会うためにPに出かけたのである。聞けばMは私と同い年で、Mのツテで探している白のカウンタック・アニバーサリーが四国のディーラーに1台あると連絡を受け、紹介される運びとなった。

こ、これは一度四国まで見に行かねば‼

第2章

「スーパーカー」とのお見合い

2.1 良師と「スーパーカー」は金の草鞋で3年かけて探せ

そんな折、父親が白血病でいよいよ危ないと病院からの通達もあり、看病がてら6年ぶりに帰郷することに。無菌室で寝たきりになってる父親だったが、必死の看病が功を奏したのか病状が一段落ついたこともあって、帰りは四国の霊場巡りよろしく、わが未来の花嫁となるであろうカウンタックとのお見合いに出た。当時、メカ好きが災いしてMの下でベンツのエンジン修理などやっていたTという車好き青年が、俺の未来の花嫁見たさにMの父親のベンツを借りて四国のディーラーまで連れてってくれることになった。Tの運転するベンツで大分まで高速をかっとばし、別府港からカーフェリーに乗って一路四国の八幡浜へ。そこからさらに四国を南下し、ついた宇和島で待っていたのは懐かしくも新しい、ランボルギーニ・カウンタック25thアニバーサリーなる女神様。ディーラー工場の100メートル手前ぐらいまで近づくと、少し小高い坂の上にある工場入り口に真っ白いカウンタックがどで〜んと鎮座されてるお姿が見て取れた。下から見上げた姿だったのも手伝って、なんだか凄い存在感と威圧感で、とてつもない御神体の女神様に見えた。

アニバーサリーって、リヤバンパーが付いたことに加え、ディテールにそれまでのカウンタックらしさがなくなって、写真で見るといまいち好きになれなかった。当時はアニバーサリー・モデルはカウンタックではなくアニバーサリーという独立したモデルという見方であったし、カウンタックはクワトロヴァルボーレまでのモデルで、しかもインジェクション仕様は論外、キャブレター仕様でなければカウンタックにあらず、という風潮が強く残っていた時代だった。でも実物を見ると、サイドスカートとかエアインテークの感じとか、なんかスマートで垢抜けてて、ガンダムチックで直線的なカッコよさが全面に出てていいじゃん。しかもこのお方が俺の未来の花嫁かも…って思った瞬間、あばたもえくぼになっちまった。でもフロントバンパーはやっぱりLP400Sからクワトロまでの角ばったのがいいなぁ。

舞い上がってしまって助手席側のポジションライトが付いていないことにも気づかず、見た瞬間に圧倒されたね。田舎者のお上りさん丸出しで、今から思えば一番見せてはいけない恥ずかしい姿だったなぁ。でも初めて「スーパーカー」を買うときって、大体誰でもそうなんだろうけどね。そこにこのカウンタックを一から整備してきたYという整備士がやってきて、ためしにエンジンかけていいと言うんでかけたら一発スタートするし、カウンタック・リバースしてもいいと言うんでやったら箱乗り状態で上半身が出てるもんで、後方視界180度よく見えるじゃん。ってなわけで、それを横で見てたYさんのお義理での社交辞令とも知らず、「前にランボ乗ってましたぁ？大丈夫っすね。運転できますよ」と私に購入させたいがための建前上の合格証を頂き、晴れて私も猛牛使いの仲間入りに一歩足を踏み入れた。さすがに運転免許を取って初めて買う車とは言えなかった。でもカウンタック特集の雑誌は全部読破したし、カウンタック走行会のビデオとかもいっぱい見てイメージトレーニングできていたせいか、不思議とカウンタックを乗りにくいとは思わなかった。むしろ何か懐かしささえ感じた。というわけで、車の運転免許を取って最初に買った自分の車がカウンタックという奇人変人の歴史の幕開けとなった。最終的にカウンタックに行き着くって分かってるから、寄り道しないでストレートにゴールしたほうがいいじゃん。これって、初恋の相手と結婚するようなもんで、とってもステキなことじゃない？普通のクルマに慣れた後でカウンタックに行くからかえって乗りにくいと思うだろうし、最初からカウンタックに乗ってたらそんなもんだと諦めて、かえって不便を感じないし。乗って壊したら授業料と思えばいいし。金額によっては思えない場合もあるけど…。

2.2 縁（えにし）は巡る

ふと横を見ると、ＴがＹさんにあれこれエンジンの専門的な質問とかしてて、二人で盛り上がってやんの。寂しがり屋の私は他にする事もないので、同じ店内に飾ってあった黒のディアブロと赤のフェラーリF355と青のフェラーリ308をベタベタ触ってやった。この時に見たフェラーリ車の美しさが知らないうちにトゲとなって心に突きささり、それが抜けないせいで後年フェラーリ308を増車することになるとは、この時は露にも思わなかった。そしたら翌年の4月にはＴがＹさんに弟子入りする形で、ランボルギーニの国内本社の整備士として就職してミウラの整備でイタリアのランボルギーニ本社工場のコンテストで入賞したり、どんどん腕を磨いて出世していった。その時の浅からぬご縁が元となり、ランボルギーニ社と私との関係は今に続くのである。

もう一度言おう。**「スーパーカー」の購入は、金の草鞋を履いて運命のお相手を探す就活か婚活である。**

初めてのご対面。すでに舞い上がって上機嫌。

第3章

「スーパーカー」との結婚

3.1 すれ違い生活

「今どきこんな車に乗っとれば、人からバカとかキチ●イとか言われるぞ!!」…（一番上の姉）
「お前はそれだけの苦労したからよかよか、買え買え。」…（二番目の姉）
「私も女子供がおらんば、この手の車ば買うばってん…」…（兄）
「スゲェー、スゲェー。」…（一般観衆（30～40代♂））
「カッケェ～！！」…（一般観衆（10～20代♂））
「これ、フェラーリっしょ。」…（若者一般）
「ママ～、変な車がいるよ～。」…（園児（♀））
「おじさん、何してる人なんスか?」…（某私立大学の学生（20代♂））
「センセは浮世離れしすぎですぅ。」…（某国立大学の学生（20代♀））

たかが車。されど車。車1台でこれほど外野席がうるさいのもそうそうないだろう。

賞賛と怒号の中始まった女神様との新婚生活。カウンタックを手に入れてからは、信じられない気持ちが半分とうれしさ半分で、3日に1回は乗ってた。でも最初の運転はやっぱり緊張したね。四国ではクラッチミートを確かめたくらいで、工場内をちょこっと移動しただけだったから当然と言えば当然なんだけど、その時と違って初めて市街地を走る緊張感とカウンタックという名前に飲まれて、クラッチのつなぎがうまくできずに何度エンストを起こしそうになったことか。

「あれ？四国で乗った時よりも、視界が狭く感じる。」
「クラッチ重い」。
「ハンドルも重ステでうまく切れん。」
「ギヤかてぇ～。」

てなわけで始めての走行は惨めの一言であった。いよいよ猛牛が本性をむき出しにしてきた。みんなの恐れている事がこの時になって初めて分かった。やっぱり普通じゃないわ、このクルマ。こんな感じで初運転で猛牛の洗礼を受けたものの、不思議と2回目からは鼻歌混じりで普通に乗れるようになってた。慣れれば楽じゃん。最初こそ猛牛が牙を向いたが、今じゃ従順な天女の如き素直さで、私の言う事を聞いてくれる。そればかりか「ご主人様ぁ～、あごの下ちょびっとこすっちゃったぁ。イタァ～イ。」などと私を必要としてくださってる。私はついに女神様を自分の女にしたのだ。女神様が私の助けを必要としてくださってる。なんてぇ甘美な陶酔地獄なのかしら…。でも、学会出張や博士論文の執筆＆提出締め切りやその他の学会発表＆論文の締め切りに追われ、ぜ～んぜん乗れない日々がやってきた。

当時住んでいた木造築40年、家賃3万円の風呂なし6畳アパート…の前にカウンタック

ああ、女神様とのすれ違い新婚生活…。

しかも、最初の頃は下宿アパートの私の部屋の真ん前にある青空駐車場にカバーかけて停めてたんだけど、その角にとがったコンクリートが出っぱってて出し入れの切り返しが狭くてきついのなんのって…。おかげでクラッチやばくなるわ、強風の日には向かいのマンションのベランダから女神様をかすめて鉢植えが落ちてくるわ、ダメだこりゃの日々。不思議とイタズラだけはなかったけど、そうこうするうちマイナートラブルに見舞われ、電気系統がからきし弱くて、ヘッドライトが左右交互に出たり閉まったりを繰り返しで止まらなくなるわ、片方だけ上がらなくなるわ、ハザード点灯しないわ、ドアロック壊れるわ、ダッシュボード下から意味不明のネジが落っこちてくるわ、そらもう笑えるようなレベルのトラブルばっかり。そしたらCDIが壊れたりと、一旦は自分の女になったと思ったものの、置かれた不慣な境遇にすねたのか、女神様はなかなか心を開いてくれない毎日が続いた。

憧れぬいたアイドルと勢いで結婚したのはいいものの、その後の生活は現実を突きつけられる毎日である。博士論文の執筆やら学会での研究業績作りに忙殺される毎日の中、カウンタックには全く乗れないし、すれ違いの日々が続いていた。そうこうするうちに車検もあるのでそれと修理も兼ねて、私のカウンタックをディーラーのショールームに飾ってもらえることに

ディーラーのショールームに置いてある私のカウンタック。奥には伝説のミウラが。

なった。

3.2 新居探し

その後は博士論文も無事審査を通過し、めでたく博士様となることができた。で、いよいよ私のカウンタックをディーラーに置いとくのも限界となって、本腰入れて新しい駐車場探しの日々となったものの、私のようなパンピーは駐車場一つ探すのにもそらもう苦労の連続で、車名を告げただけでビビられたり嫌がられたりして、行く先々で断られっぱなしだった。挙句には不動産屋のオバちゃんも逆ギレして、「博士さんならガレージ付きの一軒家でも買ってくださいよ〜」などと呆れられる始末。「学会活動やらなんやらで金出ていくばっかりなんじゃ、ボケ〜」と心で叫んで、「そのうちね」と微笑むケナゲな私。大体どこもこんな感じ。でもカウンタックってだけで当時の私は感覚が麻痺しているから、そんな苦労でも「おぉ、私は今まさにカウンタックの、カウンタックによる、カウンタックのための苦労をしているのだ。なんてぇステキなんざましょ」などと浮かれまくっていた。お恥ずかしい限りである。

そういうわけで、20件の不動産屋を当たって、60件近い物件を見て回り、半分やけで入った最後の1件でようやく決まったのが以下の写真の一軒家の駐車室。まさに捨てる神あれば拾う神あり。ここに蛇腹ガレージ突っ込めば、家屋と蛇腹とボディー・カバーの三重構造で女神様を守れる。ランボルギーニって車は人を狂わすのが得意なようで、この車を維持するために頑張って一軒家建てたりガレージ造ったりという猛者の伝説は腐るほどある。苦労は、いつかきっと花を咲かすはず。私の場合、その花が咲くのは約20年後になるのだが…。

今となっては笑い話で思い出はいつも美しいけど、あの頃には絶対に戻りたくない。年中暇なしで芋を洗う赤貧だったから。貧乏と敗北と「スーパーカー」は、私の人生で今でも強い推

ステップアップして、民家の賃貸駐車場に蛇腹を設置した蛇腹ガレージ

蛇腹ガレージ真向いの青空駐車場

蛇腹ガレージから見た真向いの風景

進力になっている。

この駐車場の真向かいが青空駐車場で両脇に車が停まってはいるものの、それをかわして中央の空きスペースにカウンタックの鼻先を突っ込んでバックすれば、この蛇腹ガレージにカウンタックを出し入れすることは可能であった。この時にカウンタック・リバースの技術が向上し、車幅感覚をつかむのに慣れた。しかしその後、この蛇腹ガレージのある一軒家の真向かいの青空駐車場が潰されてそこに一軒家が建つことになり、カウンタックの出し入れが実質不可能になってしまう。私は断腸の思いで当時住んでいた家賃3万円の6畳風呂なしアパートから引越し、カウンタックの寝床も私の新しいアパート（風呂付きロフト付き家賃6万円）の真向かいにあるご覧のようなマンション半地下占有スペースに移ったのさ。あれだけカウンタックの駐車場探しにてこずったのに、不思議とこの時のマンション半地下駐車場はすぐに見つかった。普段からカウンタックを停められる空間を探し求めて常にアンテナを張っていたせいもあるだろうけど、引き寄せ効果というのはえてしてそういうものだろう。

ここは入り口が緩やかなスロープになっていて、高さが1m45cmで普通の車だと天井をこすって中に入れない変な構造だけど、中は天井までの高さが2m15cmとまさにカウンタックのためにあるような駐車場で、しかも合計4台分の車を停められるスペースが空いていた。それ

さらにステップアップして、マンションの半地下駐車場貸し切り蛇腹ガレージ

でいて1ヶ月の駐車代は以前の駐車場代に＋6000円しか違わないというお得物件だった。ここで誰にも邪魔されずにカウンタックを眺めるのが至福のひとときで、前や横の空いたスペースで上段回し蹴りの稽古もできた。空手の演武会で披露する私の十八番であるコンクリートブロック割りの練習もここでやっていた。おかげで、コンクリートブロックなら重ねて最高で4個まで蹴り割れるようになった。何がどこで何の役に立つか分からない。**壊れて動かなくなった時計でも、1日に2回は正しい時間を指すのだ。**男なら、こうありたい。

それが今ではガレージと呼ぶには口はばったいが、ささやかながら「スーパーカー」2台は入れられる男の秘密基地を建設できるくらいにはなった。バカの一念岩をも通す、とはこのことだろう。念ずれば通ず、である。

世界を崩したいなら泣いた雫を活かせ（せかいをくずしたいならないたしずくをいかせ）。

第4章

「スーパーカー」との毎日

4.1 日常生活

「スーパーカー」の維持は結婚生活の維持と同じである。金がかかるのは言わずもがな、時には我慢や忍耐も必要になる。結婚生活も毎日になるとマンネリ化し新鮮な感覚も薄れ、相手のイヤなところも目につきはじめ、だんだんと相手の存在のありがたみを忘れてくる。

カウンタックでイヤなところは、一番高額な修理費を要求されるクラッチ交換だろう。私が所有していた2000年～2011年のクラッチ交換費用の相場は約100万円であった。カウンタック特有の、エンジン本体とトランスミッションの前後が逆転した独特なエンジンの搭載法により、知恵の輪を外して針の穴に糸を通すレベルの作業でエンジンを降ろしてエンジンとミッションを割らないといけないため、それがクラッチ交換費用を高くしている。ちなみにエンジンの脱着は、降ろすのに15万、載せるのに15万、トータル30万というのが私が所有していた30年近く前の相場であった。それにクラッチ本体が約90万円、整備費用10万程が加算されるが、費用は工場によってまちまちで言い値で決まる部分もあり、後述する悪徳ショップや工場ではこれが値段の書いていない寿司屋の時価みたいなものでハラハラ感満載となる。しかるに、現在ではもっと跳ね上がっていて約250万程かかるという。フェラーリ360モデナまでのタイベル交換が儀式なのと同様、乗り方にもよるがカウンタックのクラッチ交換も避けては通れないお決まりの儀式である。カウンタックのクラッチは使われている素材も粗悪で、摩耗も早い。停めて暫く乗らないでいると、クラッチが錆で固着する。錆で固着こそなかったものの、恥ずかしながら、私もカウンタックのクラッチは走行中に2回焼き切った。

しかしカウンタック・オーナーには金銭感覚が麻痺している人間が少なくない。そりゃまあ、あの姿と話題性、ネームバリュー、台数の少なさや独特のオーラが人を狂わせるのも納得できる。高額な修理費用をも安いと思わせてしまう存在感こそが、「スーパーカー」なんだろう。私もそうだった。調子よく走っているときには気が大きくなって、燃費や修理代のことは銀河の彼方にすっ飛んでしまう。で車を降りてから、ガソリン代や整備費やらの天文学的な数字に目ん玉飛び出て気絶しそうになる。

本章の「4.6 初心忘るべからず」と第6章の「スーパーカー」あるあるでも詳述するが、「スーパーカー」購入とはつまるところショップとの付き合い、ひいては人との付き合いである。中古の「スーパーカー」購入は、購入後に待ちうける故障や修理のことを常に考えておかねばならない。故障したら、大抵は「カウンタックですから」、「ランボルギーニですから」、「イタ車ですから」、さらには「スーパーカーですから」という免罪符の一言で、高額な整備代に負けてしまうことになる。だから、カウンタック・オーナーが「今回の修理費は思ったより安かったよ」といっても、そこには（カウンタックとしては）という暗黙の含みが行間に隠されているので、決して国産の軽自動車を修理する金銭感覚でないことだけは肝に銘じておかれたい。

結婚相談所ならぬ「スーパーカー」の販売店は総じて殿様商売で、「売ってやる」的な居丈高な人間が少なくない。ディーラーで新車を購入するのであれば、さすがにそこはディーラーだけあって社員は低姿勢ですごく持ち上げてくれるが、問題は得体の知れないその辺の怪しい車屋で中古の「スーパーカー」を購入する場合である。契約書に判を押したとたん、態度を変える奴もいる。「スーパーカー」購入は結婚と同じ。相手の家族との付き合いが始まるのと同様、店とのつきあいが始まる。箱入り娘で綺麗に磨かれて鎮座しているイタリア美人を前に舞い上がってハンコを押す前に、店を見て、人を見て、出来れば何台も同じ美人を見比べて（見比べられるほどタマ数もないが）選ぶべし。そこでのキーワードは一つ。

店に嫌がられる客になれ!

嫌がられる客といっても、用もないのに店に入り浸って従業員を相手に世間話をしたり、買う気もないのにひやかしだけで売り物をベタベタ触りまくるような、店のブラックリスト入りする迷惑客という意味ではないので意味を取り違えてはいけない。ディーラーの整備士と張り合えるか、整備士も知らずに答えに窮してしまうような玄人ばりの質問をバンバンぶつけられる客になれということである。その質問にどこまで真摯に向き合い、応えてくれるかでそのショップとそこにいる人間の技術力や誠意が分かる。あとの「スーパーカー」あるあるで詳述するが、カウンタック購入の際には「CDIは純正のマレリですか？ MSDですか？」と聞いてみるといい。10件問い合わせて教えてくれるショップが1件あればいい方だろう。そういうショップは信頼してもいいと思う。「スーパーカー」だけを専門に何十年と扱ってきたショップであれば、こちらが聞いた以上の詳しい内容を嫌がらずに教えてくれるか先に向こうから教えてくれるはずだ。そうでないショップは面倒くさがって嫌がるか、何それ？とポカーンとされることも珍しくない。すべからく商品の購入とはそういうものだろう。商品の購入は店との戦いなのだ。素人と思われて、足元を見られたら負け。しかしどんなに予備知識を仕入れていても、所詮は素人の付け焼き刃の知恵に過ぎない。実際には買うときには気付かなかったことで、買った後に気付く点も多々ある。それはおそらく販売を担当したショップの人間でも分からなかったことだろう。それがオーナーになるということでもある。何台も見比べられるような車ではないし、経験だってない。「スーパーカー」購入も、習うより慣れろ、だ。ただし**「スーパーカー」購入は常にギャンブルである。それも99%負けが確定している**といっても過言ではない。負けを承知で、**購入後に新車の国産車1台分くらいの修理費の覚悟も準備もでき**

ない人間は、おいそれと「スーパーカー」には手を出さない方がいい。

4.2 「スーパーカー」ミーティング

あとは購入後に待ち構えているものの一つに、オーナー同士の人間関係がある。実はこれが購入以上に大事で、また大変な時もある。「スーパーカー」をきっかけに交友が広がることは楽しみの一つであることは間違いない。ましてや、そのメーカーの車のオーナーだけが入れるメーカー主催、ディーラー主催のジャパン○×オーナーズクラブなる正規のクラブもあり、そういうクラブの会員はディーラーで新車を購入した人間で構成され、その顔ぶれも大体が医者や会社経営者、弁護士などその土地の名士で錚々たる社会的地位の人間が占める。そういうクラブの会員になれるということはそれだけでも大変名誉なことであり、私も何度かお声がけ頂いたことがある。ただ私は物書きという性質上、何ものにも縛られない自由な立場から、時にはあるメーカーのあるモデルに対して批判めいた内容を書くこともある。そんな時に特定の人物とのつながりやしがらみが強くなると、人間社会の常でどうしても忖度が生まれてしまい、その人の乗っている車の批判がしにくくなってしまう。だれしも自分の乗っている車を批判されたらいい気がしないのは当然だろう。もちろん私の批判の間違いを正すべく正面から反論されるのは学者気質から私も大歓迎であるが、大人社会ではなかなかそういうことはない。裏に回って悪口を言われるか、人間関係が悪化して関係を切られるかのどちらかである。なので、なるべくそういうことにならないよう付かず離れず、和して同ぜずの精神で全てのクラブやミーティングからはある一定の距離を置いている。もっともそのオーナーが人間的に器が大きく、乗っているモデルに対する批判も大歓迎というタイプのできた人間なら、何台も現車を見比べたり新車をディーラーに見せてもらったりというのが簡単にはしにくい車ゆえに、その人の所有しているモデルを見せてもらったり、ときには同乗させてもらえたり色々性能を聞いたりできるという利点もありはする。またその延長線上で、「スーパーカー」オーナーは自分の職業を話したがらないし、相手にも聞かないという暗黙の不文律がある。こういう質問は、遠回しに相手に年収を聞くようなもので相手に失礼に当たるという考えであろうし、また車が車だけに触れられたくない部分もあるのだろう。いずれにしても、私のような人間は絶滅危惧種なみに稀である。だから私みたいな大学教員の「スーパーカー」乗りは、クラブの会員にありがちな無意識に生まれる見栄の張り合いの競争相手にもならないし重宝もされない末席を汚す存在であるかわりに、どこに行ってもまず間違いなく大変珍しがられる。また「スーパーカー」オーナーというだけで勝手に金持ちと決めつけられて、飲み会の席などではいつの間にか支払い係にさせられてしまうことも「スーパーカー」オーナーあるあるである。だからか分からないが、「スーパーカー」オーナーはスーパーマンではないクラーク・ケントか漫画『静かなるドン』の主人公の近藤静也なみに大人しく目立たないさえないサラリーマンを演じている人が少なくない。「スーパーカー」オーナーであることを万人が知っておりそれを自慢しても嫌味にならず、飲み会の費用を全部持つような勝新太郎みたいな太っ腹な豪快な男ならそんな小賢しいことも気にしないですむのだろうけど。

さらにどのミーティングに出ても、必ずその集まりの長的存在がいて、その長を中心に上下関係の序列が出来上がっている。空手の世界でも学者の世界でも「スーパーカー」の世界でも同じである。研究者は、春先や秋頃になると週末に学会の全国大会が目白押しである。同様に、「スーパーカー」も週末になるとそこかしこで「スーパーカー」のクラブの集まりが開催される。参加すれば分かるが、えてして「スーパーカー」オーナーは強面で、金髪に金無垢のロレックスやネックレスジャラジャラ、クロムハーツやらスワロフスキーでギラギラコテコテのいかにもな感じのクセの強いタイプが多い。さすがに研究者の集まる学会にはそういう風貌の人間は皆無だが、やはりそこには勤務先大学の偏差値レベルだの知名度だの、そこでの教授だの博士だのの肩書きや学位、本を何冊出しているだのどこぞの学会の理事だのといった目に見えないヒエラルキーと圧のかけあい、マウントの取り合いが存在する。そして大体は星の数ほどのきらびやかな業績を持った一流大学教授の大将がいて、その人をトップにイエスマンの取り巻きの構図ができている。研究者も「スーパーカー」オーナーも、基本的に我が強い者同士の集まりなので、しばらくたつとクラブ同士やクラブ内で何かしらイザコザや小競り合いが始まる。その結果クラブを飛び出して（あるいはいられなくなって）、自分がボスになって新しい「スーパーカー」のクラブを作る。そして、政治闘争に敗れた年寄りや権力好きなお山の大将になりたがりの若手が自分のシンパを集めて自分が親分になって新しい学会を作り、肩書に星の数ほど所属学会と理事だの飾り付けて自分の偉大さアピールをする。研究者も「スーパーカー」のクラブも政治家も、武道の流派のお家騒動や派閥争いと何ら変わらない。結局人間はいつまで経っても同じことの繰り返しである。「スーパーカー」のクラブで、その長になるのは大体乗っている車の金額と持っている車種、台数で決まる。そうでなければ「スーパーカー」に乗っている年数と年齢か、その地域での立場である。億越えの「スペチアーレ」か「ハイパーカー」がいれば、それより安い一般庶民用「スーパーカー」オーナーは鳴りを潜める。そういう中にあって、「スーパーカー」の集まりが、金持ち自慢の品評会となることも珍しくない。そうじゃなければ同じ穴のムジナの自慢しいの寄り集まりか。えてしてペットの飼い主と「スーパーカー」オーナーは、自分のペット（または車）が宇宙で一番だと思っている。かく言う私もその一人だが。

4.3 学会での集まり

日本人は3人寄れば文殊の知恵ならぬ、3人寄れば序列と派閥が生まれる。しかも学者も「スーパーカー」オーナーも、少数精鋭の変人の狭い世界で出来ている。「スーパーカー」オーナーを3人たどっていくと、大体直接的、間接的な知り合いに突き当たる。世間で言う「六次の隔たり」や「ケビン・ベーコンの法則」である。「六次の隔たり」とは、自分と世界中のどの人も6人を介すれば繋がるということで、「ケビン・ベーコンの法則」とは、世界中のどんな俳優でも共演者を6人たどればケビン・ベーコンに行き着くという本人公認のゲームに基づいた狭い世界を表す言葉である。そういう内輪受け、仲間内だけの馴れあいや偽善、予定調和と出来レースがはびこる世界である。それは一流と称される有名大学の専任職の就職でも同じである。私のように踏まれ続けた雑草学者、部外者には居心地の悪い世界この上ない。こうした狭い世界で生き残る知恵は、「目立たず、休まず、働かず」である。

私がまだ大学院の博士課程の学生だった時の話である。日本を代表する大きな英語の学会の席上、現在はC大学教授のM女史が日本の英語学の権威とされるG大学のI教授に忖度して、「I教授はベントレーを買えるけど買わない」という例文を提示して会場が微笑みの渦に沸いた。M女史は私の出身大学の大先輩、大学院時代には講師と助手という関係で繋がりがあり、大先輩の活躍をうらやましい気持ちと同時に微笑ましく拝聴していたその時である。現在は関西のK大学教授で、その当時は私と同期のペーペーの大学院生でメタファー研究が専門のN氏が持ち前のお笑い精神で会場を沸かそうと思ったのか、突然「松中先生はランボルギーニを買えるしカウンタックに乗っている」という例文を出してカウンターアタックをくらわした。その瞬間である。それまでI教授を中心に包みこむような温かい空気だった会場が一瞬にして凍り付き、会場の視線がカウンターアタック発言をしたN氏に行ったと思いきや、そのN氏がニヤニヤしながら私を見ているため「乱暴なガンダムとかいうどこの車か知らんが、I御大にたてつく身の程知らずのあのバカ、どこの誰や」という悪意に満ちた冷たい視線が一斉に私に注がれることになった。私自身はG大学のI先生に敬意を抱いておりN氏もウケ狙いで悪気はないのだが、その会場ではI御大にたてつく生意気な若造として、一気に私がヒール扱いになってしまった。私はいつも損な役回りである。しかしこんな予定調和のぬるま湯の学会でも、時には「火事と喧嘩は江戸の華」とばかりに、論敵同士が親の敵を取り合うがごとく火花を散らして侃々諤々の激しい論争に発展することもある。その時の人間の本性むき出しのヒートアップした学者はガラの悪い総会屋も真っ青であり、猪木とアリの異種格闘技戦を見ているようでとっても楽しい。権威が物を言う学会での一コマを上げた一例ではあるが、こうした性質は研究者のみならず「スーパーカー」オーナーの間でも大体同じで、政治家や医者、格闘家など現在も日本のあちこちで見られる「タテ社会」の風潮である。

日本人の序列関係を「タテ社会」と呼んだのは、女性初の東大教授にして民俗学者の故中根千枝氏がその名著『タテ社会の人間関係』においてだが、これは日本人全体は言わずもがな、その日本人からなる研究者の世界にも「スーパーカー」オーナーの世界にも当てはまる。どちらの世界も日本人の「タテ社会」の縮図そのまんまである。私はそれが大嫌いで、学会も「スーパーカー」のクラブも一通り顔は出してきたが、どこか一つにどっぷり浸かることはせず、つかず離れず、和して同ぜずの距離感を保ってきたし、またそれが性に合っている。第一そんな下らないゴタゴタと虚勢の張り合いで貴重な研究時間とエネルギーを奪い取られるのが嫌だし。しかし、そういう面倒事を差っ引いても「スーパーカー」は楽しいし、中毒性の強い麻薬のようなものである。姿、形、音、匂い、振動、走り、佇まい、その他諸々の全てにおいておよそ車という機械の持つあらゆる魅力で五感を刺激し、誘惑してくる。一人で何台も持つ人間の気持ちも分かる。**自己顕示欲が激しい人、承認欲求が強い人、ストレスを抱えている人、社会に不満を抱いている人は依存症になりやすいので、要注意。**

全部私じゃないか。

ということで、カウンタックを手に入れてからはコンビニやホームセンターにカウンタックで乗り付けるのはもちろん、私の博士号授与式にもカウンタックで乗りつけてやったさ。『サーキットの狼』の隼人ピーターソン気取りで「見せつけてやるぜ、ユーとミーの格の違いをな〜、フッホホホ!」などといきがっていたけど、あちこちご迷惑おかけしました。

血の気の多いバカですみません。

でも車を見せびらかしたいという気持ちより、あの独特な音とスタイル、アドレナリン出ま

ICUで筆者の博士号授与式の日に指導教授の飛田良文博士と

女子アナの握手会にもカウンタックで行く

軽自動車を買いに行くのも、フェラーリ308かカウンタック（写真右○内が購入した軽自動車）

くり状態での運転中の興奮に酔っていて、その快楽が忘れられないで何か乗るための言い訳を作ってはついつい乗ってしまう、というのが本当の所であった。そんなこんなで、女子アナの握手会にもカウンタックで行く始末。でも女子アナからは世間の目同様に危険視されて、見向きもされやしない。それ以前に女子アナのいる会場から離れた路上にいたし人垣で女子アナにアピールどころではないし、そもそも車高が低いので植木に隠れて車なんて見えないし。キムタクか福山雅治だったら車に関係なく向こうから相手にしてくれるんでしょうが、そもそも「スーパーカー」をダシに女性の気を引こうという時点で間違ってますね。

世の中ね顔かお金かなのよ（よのなかねかおかおかねかなのよ）

4.4 類は友を呼ぶ

お金はさみしがりでお金同志で集まろうとする、とよく言われる。動物と「スーパーカー」にも同じようなところがある。犬は犬好きが分かるから、犬好きの人間にすり寄ってくる。同様に「スーパーカー」も「スーパーカー」好きが分かるようで、車の方から寄ってくるようなところがある。私のことである。私は実によく「スーパーカー」に遭遇する。普通なら絶対に遭遇しないような狭い路地裏で、カウンタッククワトロバルボーレ、渋谷の井之頭通りでカウンタック・アニバーサリー、塩釜でフェラーリF355、沖縄の伊計島でもF355、古宇利大橋でフェラーリF50、福岡市内でフェラーリ328、地元でも黒いランボルギーニ・ムルシェラゴ、白いフェラーリF430、ブルーメタリックのフェラーリF488スパイダー、赤いランボルギーニ・ウラカンスパイダー、黄色いウラカン、黒やマジョラーカラーのランボルギーニ・アヴェンタドールなど、普通に生活しているだけなのに1週間に1台は行く先々でこれでもかというくらいに「スーパーカー」に遭遇する。「スーパーカー」乗りは互いに引き寄せ合い、『リングにかけろ』のカイザーナックルなみに共鳴し合う。たとえが昭和のマニアックな世界すぎてごめんよ。

私は小動物を愛する、実に心の綺麗な永遠の「スーパーカー」少年なのである。それが今につながって、「スーパーカー」を所有する根源となっていると確信する。私事で恐縮だが、それを証明するエピソードを一つ。保育園の園児の時、バス遠足先でウサギが放し飼いになっている広場に行った。そこでウサギの捕まえ放題というイベントがあった。その中で、耳がピンク色で全身が真っ白いフカフカした毛の一番かわいいウサギが一匹だけいた。私がそのウサギを捕まえようと思って走り出したが、ウサギの耳がちぎれそうで可哀そうで、耳をつかんで捕まえるのが憚られて捕まえられずにいた。その時である。お昼寝の時間に決まってウ●コを垂らして泣きながらお昼寝途中で起きていたH君が、そのお目当てのの真っ白フワフワウサギをむんずと力づくで捕まえたのだ。その時は、お目当ての子を奪われたのと耳を力づくで引っ張られて傷物にされたという二重のショックだった

そう、私は優しすぎたのだ。結果、右往左往しながら一匹もウサギを捕まえられずにいる私を見て哀れんだ保母さんが、一番きちゃないネズミ色の毛ボーボーのウサギを「はいっ!」と私に渡してくれた。そのあと私はどういう行動を取ったか?そう、私は貰ったきちゃないネズミ色ウサギを放り投げる…ようなことはせず、「俺が欲しいのはこんなんじゃない。あの●ンコたれのHが持っている可愛らしい真っ白のウサギじゃ!!」と心の中で叫びながら、保母さんの顔色をうかがって「可愛い! ありがとう!!」と愛想笑いでこぎちゃないネズミ色のウサギをナデナデしながら本心にない嘘をついたのである。大人になった今も、私の人間性はこの時のままである。その時のトラウマからか、車くらいは妥協しないで本当に好きなものに乗ろうと心に決めて、今に至っている。その結果がカウンタックであり、「スーパーカー」だ。ただ、何でも簡単には手に入らないという経験は必要で、その時の経験は結果的に反面教師として宝

見ず知らずの他人の家の犬も私の前ではヘソ天

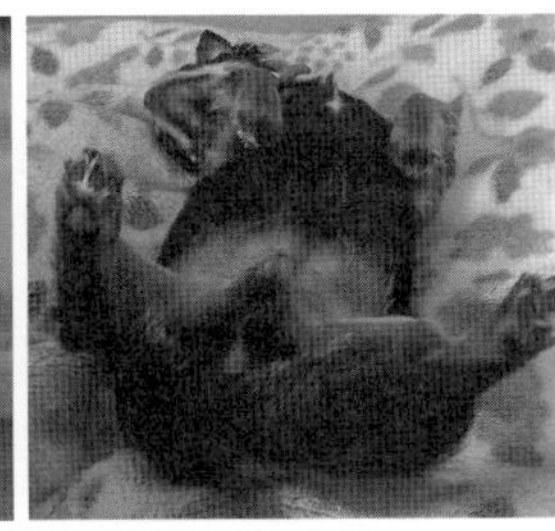
チワジのおっぴろげ天

与那国島からのフェリー船上にて

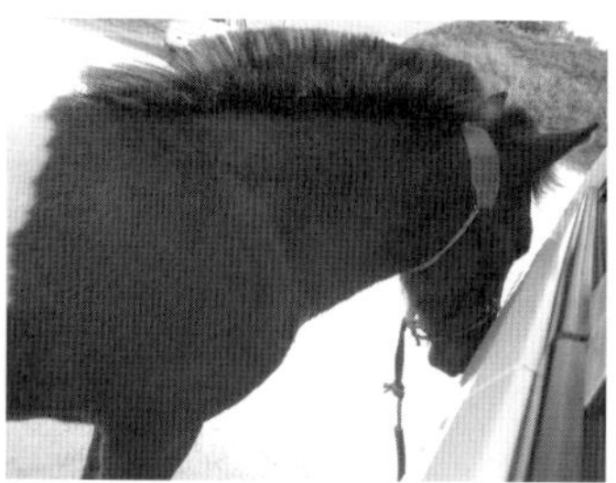

石垣島で私のレンタカーに頬をすり寄せて離れようとしないポニー

にはなっていると思う。

その時の優しさが今でも滲み出るのか、私は大人社会の権力闘争には全く無縁でつまはじきされるものの、犬をはじめとしたあらゆる動物にものすごく好かれる。近場の公園に犬の散歩に行けば柴犬の虎ちゃんが飼い主の小学校低学年の女の子を振り切って、私の足にしがみついて両前脚で私の両太ももをがっちりロックして離してくれない。帰りに女の子の代わりに私が虎ちゃんのリードを持つと、虎ちゃんはクルクル喜びの舞を踊りながら、歩きながら何度も振り返って「リード持ってくれてる？」と目で確認してくる。そんな光景が日常茶飯事なもんで、中には「誰にもなつかない犬があなただけにはなついて凄いね」などと驚かれることも多々あるが、そういう人には「俺が犬好きなんじゃない、犬が俺好きなんです」と、いつもROLANDみたいな答えをすることにしている。最近はさらに拍車がかかり、通勤途中の見ず知らずの赤の他人の家に飼われている犬までもが私を見つけると「オヤビ〜ン♥」とヘソ天（犬が信頼している人にだけに見せる、仰向けに寝っ転がって弱点のおなかとヘソを天に向けて絶対服従と親愛を表現するポーズ）をしてくる領域にまで達してしまった。チワジなんてヘソ天どころかおっぴろげ天である。無防備にも程がある。

与那国島から石垣島へ渡るフェリーの船上で、無数のカモメが私の頭上に集まって来てずっと頭上を飛んでいたこともある。最初はフェリーについてきているのだろうと思ったが、1羽が私の坊主頭に止まって「おぉ〜‼」と感動したのも束の間、見上げると私の頭上にはヒッチコックの映画『鳥』を彷彿とさせる無数のカモメが飛び回っていて、周囲の人間にはさぞかし奇怪で恐怖の光景に見えたことだろう。石垣島に行ったときは犬どころかポニーが近づいてきて、恋する乙女のようなトロンとした切ない目つきで私のレンタカーに頬をすり寄せて離れようとせず、帰ろうにも車を出せずに大変だった。

繰り返し言おう。**私は動物に好かれる、心の綺麗な永遠の「スーパーカー」少年なのである。**

4.5 名は体を表す

名前を付けてくれた親には悪いが、私は自分のカンジという名前が大嫌いである。小学生の頃はひらがなやカタカナと名前をいじられるし、父親にさえ「いいカンジ～」とか「わるいカンジ～」とか茶化される。「東京ラブストーリー」が流行った大学院生の時には、鈴木保奈美扮する赤名リカの言う「カ～ンチ♥」をもじって「カ～ンジ♥」とおちょくられたし。なにより、1番が好きな私は完ぺきな2番とも取れる完二という名前の意味が嫌だった。子供の頃は、爽やかな感じのするシュンスケとかジュンイチロウとかという名前に憧れた。日本語には言霊があり、言葉に魂と神が宿ると信じられている。キラキラネームが問題なのは、その読ませ方の文字と音の乖離だけでなく、そこに併存する意味というルールも名前という言霊を通して子供の成長に期した親の願いも無視した姿勢に、われわれ日本人の神経に障る何か根本的な問題があるのだと思う。そして、私は名前通りの人生を歩んできた。そんな私でも人生で初めて1番になったことがある。

それは、保育園の運動会のことであった。50メートル走くらいのかけっこで、コース途中の中間地点に鉄棒があり、その鉄棒で1回前回りをしてゴールを目指すというものだった。スタートから鉄棒までの中間地点まで、なんと私はぶっちぎりで1位だった。走りながらはるか後方にいる2位の子を振り返って、にわかには自分の目が信じられなかった。ウサギと亀のウサギの気分とはこういうものかと余裕しゃくしゃくでゴールを目指して、私の1位は揺るぎないものに思えた。そして鉄棒だ。勢いよく前回りを決めて、心の中で「どうだー!!」と勝利の雄叫びをあげながら、あとは一気にゴールを目指すだけだった。

その時だった。

私のつぶらな瞳に不思議な光景が飛び込んできた。2位以下を走っていた子たちがみんな、私に向かって前方から逆走して来るのだ。何が起こったのか分からず、頭の中が真っ白になった。ただ周囲の観客の笑い声だけがこだました。

鉄棒で前回りをして方向感覚を失った私は、ゴールではなく逆のスタート地点に向かって必死に走っていたのだった。結果はいつも通りビリ。かくして私の人生で初めての1番は、幻と消えた。「本当は俺が1番だ～!!」と泣いて父親に訴える私に「うんうん、お前が一番だった」という慰めの声が、妙に空虚に嘘くさく聞こえた。なぜなら、私の逆走を父親が一番面白がって大笑いしていたからだ。しかも周りの大人たちが笑いながら「面白かったよ」などと私に声をかけるたびに、ヒーローインタビューのように父親が満面の笑顔でしゃしゃり出てきて、「こいつは面白い子でしょう」などと得意げに吹聴しているし。

それ以来、私は現在も「面白い人」、「変わった人」と呼ばれ続けている。名は体を表すと同時に、名前だけ立派で中身が付いてこないことを“名前負け”と言う。人はだれしも、大なり小なりのそういう“ル・サンチマン（怨念、情念）”を潜在意識に持っている。そしてこの時の“変わった子”という称号こそ、私が大人になってからの「スーパーカー」購入に結びついていると確信する。「スーパーカー」なんて世間から見たら、造る人間も変人なら売る人間も変人、買う人間はもっと変人なんだから。

その名前であるが、音のサブリミナル・インプレッションから「車の名前にはＣがいい」、「女性雑誌の名前はＮとＭが売れる」、「人気怪獣や戦闘ロボの名前には必ず濁音が入っている」、「幼児向けのお菓子やＴＶ番組にはＰ音が好まれる」などなど、実は私たちの日常で身近に存在している。この点については黒川伊保子『怪獣の名前はなぜガギグゲゴなのか』（新潮新書）で詳しく解明されているが、音と意味の象徴性について、音のクオリア（普遍的な感性の質）は非常に重要である。赤ん坊が「ママ」や「パパ」という言葉を最初に覚える理由も、大脳生理学的に、有声子音Ｍと無声子音Ｐは赤ん坊の脳にとって唇の摩擦と音の放出という快感を与えるからだそうな。名前から受ける男女の心理的印象の違いも、音のクオリアによって生じる。フェラーリとランボルギーニ。音の持つ高級感と爽快さのイメージは、間違いなくフェラーリである。かたや濁音の塊であるランボルギーニは、女性にしたら暴力と破壊のイメージしかない。一番女性受けするメーカーは、ポルシェとアルファロメオ。名は体を表すと同時に、音は印象を表す。

分かる気がする。

ちなみに愛犬のチワジという名前は、チワワという犬種に私の下の名前である完二（カンジ）から最後の一文字を取り、私の魂を引き継いでもらうという意味合いでチワジなのである。そもそも完二という私の名前も、父の恭二という名前から一文字取ったものだし。そして私は歳を重ねるごとに父にそっくりになったとご近所から言われ、今では生き写しとまで言われるようになった。ちっとも嬉しくないけど。その結果、チワジは名は体を表すを見事に具現化し、性格も見た目も私そっくりになってくれた。音には魂が宿り、言葉には言霊が宿る。チワジが宇宙一かわいいのも宇宙一お利口なのも、オヤビンの私の魂と精神を受け継ぎ、名が体を表した結果である。

分かる気がする。

ただしチワジは私が勝手につけたあだ名で、妻がつけた本名は龍（リュウ）ですけど。

4.6 初心忘るべからず

「スーパーカー」の維持にいちばん大事なのは、お金もさることながらやはりモチベーションであろう。「スーパーカー」も長く持っているといつしか感動も新鮮味も薄れ、「スーパーカー」が身近にあるのが当たり前になり、高額な修理を突き付けられると段々モチベーションが下がり、心が折れそうになることもある。「スーパーカー」の維持は結婚生活の維持と同じである。金がかかるのは言わずもがな、時には我慢や忍耐も必要になる。またお金の問題と同様に、「スーパーカー」維持に嫌気がさすのは、整備などで人間のいやらしさを垣間見た時であろう。幸い私は経験したことがないが、お友達の話ではカウンタック整備は時価の寿司屋みたいなもので、「カウンタックですから…」の一言で修理明細などなくボンと金額だけ呈示されることも少なくないらしい。さすがに今ではそんなところは少なくなったとは思うが、いつの時代も自動車業界はブラックな要素が付きまとう。レアケースではあろうが、ひどいのになると何年も車を預かりっぱなしで、まともな整備もせず追い金の請求ばかり繰り返して、車を返してもらうのに裁判沙汰なんてこともある。気苦労とお金の苦労は、「スーパーカー」にはつきものである。

それとは逆のケースで、「スーパーカー」を1台手に入れると気が大きくなってその次、その次と目移りして何台も「スーパーカー」を持ちたい気持ちも芽吹いてくる。犬好きや猫好きが多頭飼いするのと似ている。母がよく「もう十分乗っただろ」と言って私をいさめるが、私の本音は、第7章で後述する本間宗久の「もうはまだなり、まだはもうなり」、「足らぬは余るなり、余るは足らぬなり」である。ただ、同時に「スーパーカー」は次の世代へ譲り渡す文化遺産で、オーナーである間はその架け橋で次の世代へと綺麗な形を維持して渡すまでの執事である、と思っている。だからその「スーパーカー」を節税対策で購入したり投資で金儲けの対象とするオーナーは、真の意味での「スーパーカー」好きとは言えない。そういうのは、えてしてオーナー個人の趣味の悪い嗜好で意味もなく派手な改造をしたり空吹かししたりと、車本来の価値や機能とは無関係の車が可哀想なことしかしない輩が多いように思う。「スーパーカー」との向き合い方は、最愛のペットの向き合い方に通じる。

チワジはいつでも純粋で最強

後でも述べるが、特に**「スーパーカー」購入は、最終的にはショップとの付き合い、そこの人間との付き合いである。**「スーパーカー」に対する夢も希望も打ち砕くような暗い話ばかりで恐縮だが、そういう現実の一端も頭の中に入れておいてほしい。そういうババをつかまされないよう、金額の安さだけで「スーパーカー」には飛びつかないことであるが、これは何も「スーパーカー」にかぎらず、世の中全般に共通のことだろう。また「スーパーカー」ともなるとあちこち見比べられるほどタマ数がないことをいいことに、値段は平均相場に沿いながらも値付けは基本的に店側の独断である。なので、たまにとんでもないプライスタグが付けられている個体があり、そういうところは整備費も天文学的な金額を要求してくることも少なくない。そしてそういう所は「スーパーカー」をいい金儲けのエサとしか見ておらず、えてしてまともに整備していないことも多い。新品と中古品の違いは「スーパーカー」に限らず何の世界でも似たり寄ったりだろうが、「スーパーカー」は古くなればなるほど価格が上がるという世の中の道理に反する側面を有している。「スーパーカー」購入がどう転んでも中古の国産車購入の感覚ではいられないことだけは確かであろう。また金銭という実質的な維持費に加えて、"有名税"なる出費もある程度覚悟しなければならず、いずれにしても金はかかる。それと同じくらいモチベーションの維持も肝要である。

「スーパーカー」の購入と維持には、宇宙で1番可愛い愛犬のチワジのように澄んだ瞳で、**純粋に「スーパーカー」に憧れていた初心を忘れてはならない。**

4.7 こんな時代だからこそ、「スーパーカー」に乗ろう

「スーパーカー」の購入は、最終的にはショップとの付き合い、人間の付き合いであると前述した。「スーパーカー」との生活は、腕の立つ主治医の有無で大きく左右される。人間の場合と同じで、名医や親身になって向き合ってくれる主治医を探すのは大変であるが、これができるかどうかでその後の「スーパーカー」人生が天国にも地獄にもなる。その主治医であるが、当時私が住んでいた東京の中野区のお隣の杉並区にWというめっぽう腕が立つ整備士がいて、しかも整備代もかなり良心的という噂を小耳に挟んだ。敵情視察ではないが、その整備工場の前を何度も往復し、見ればフェラーリF355のエンジンを一人で降ろし、一人でバラしてその日のうちに一人で組み上げているではないか。このWという整備士、独立して自分の工場を持つ前はポルシェ乗りがレース使用にチューニングしたり整備したりする某有名店で働いており、その人を頼って日本中のポルシェ乗りがやってくるということで広く知られている人物であった。職人気質で頑固だが、どんな困難な整備も国産車の修理代並みの低価格できっちりやってくれて、なぜかウマが合って大した用事がなくてもちょっとしたドライブがてらで世間話をしてカウンタックやフェラーリ308を駆って、中野の自宅アパートから西荻窪のWの

工場までよく遊びに行っていた。

それは良く晴れた3月の午後のことだった。その日はフェラーリバイクこと、スズキRF400RVを駆ってWの工場に向かっていた。

その時だった。

信号待ちで前に停まっていたバスがユサユサと左右に揺れ始めた。最初はバスの車内で乗客の子供たちが騒いでいるのかと思った。しかしバイクにまたがっていた自分の体も同時に揺れ始め、電線が音を立てて左右に波打っている。地面が大きく揺らぎ、私自身も転倒しそうになるのを必死でこらえた。

2011年3月11日。

東日本大震災の発生である。その瞬間から社会の空気が変わった。「スーパーカー」に対する周囲の目が、羨望のまなざしから嫌悪のまなざしに変わったのである。こんなご時世に「スーパーカー」に乗る奴なんてと、「スーパーカー」は絶対悪の憎悪の対象にさえなってしまった。実は、整備士Wは福島県の浪江町出身で、彼の父親は福島の原発勤務だった。故郷の家族が全員東京のWの家に着のみ着のまま逃げて来て、避難生活を送っていた。そんなこともあって、この震災は他人事ではなかった。教え子の大学生を引き連れて宮城県石巻市に震災ボランティアに行ったりもした。ただ現状は、私一人でどうにかできるようなものではない。整備士のWという、身近で困っている人間が目の前にいるのだ。ただ現金だけを渡すのは簡単だ。しかしそれだとさもしいし、いやらしい。なにより、不慮の災害で突然避難民という立場に立たざるを得なくなった人間に、上から施しをしているような感覚が嫌だった。それで私が思いついた策が、カウンタックに乗りまくることだった。幸か不幸かカウンタックという車は、一つ直すと次の不具合が生じるといった具合に大抵どこか調子が悪くなる車である。当時私が住んでいた中野区のお近くでカウンタックつながりというのもあって、カウンタックやフェラーリ308でよく遊びに行っていた有名な獣医の野村潤一郎先生の、「乗っても乗らなくても壊れるんだから、同じ壊れるんなら乗った方がいい」という言葉が繰り返し頭の中で聞こえ、私は周りの眼を無視して狂ったようにカウンタックと308に乗りまくった。ちょっとした不具合を発見すると、すぐさまWの所に駆け込んでカウンタックと308の整備をしてもらった。そして、毎回整備代プラスアルファのお礼としてのお茶やお菓子という形で支援しようと思ったのである。これなら被災者や避難民という形に関係なく、対等なWIN-WINの関係で支援できる。しかも私のカウンタックも308もどんどん調子がよくなっていくのが分かるので、いいことづくめである。

しかし車が車だけに、「スーパーカー」に乗ることは色眼鏡で見られたりやっかまれたりと、世間の目が痛いのも事実であろう。「スーパーカー」だけでなく、高級外車というだけで社会的に見たら悪者扱いである。その最たるものが、高級外車が事故を起こしたり燃えたりした時のニュース報道につきものの、「イタリアの高級スポーツカーフェラーリが…」などという島国民族のやっかみ根性丸出しの枕詞である。しかしこういう車に乗っている人たちこそ社会的には善である。勤勉に仕事に励み、社会に必要とされ、人より多くの税金を払っているんだもの。**身の丈に合った高級品は、贅沢品ではなくその人の魂の叫びなのである。**見栄をはって高級品を誇示するのはバカの極みだが、人より頑張って得た収入で人より高い税金や社会保険料を支払い、その結果人より高い車両価格を払い、購入するだけで軽自動車が買えるくらいの税金を払って乗る「スーパーカー」だったとしても、何ら問題ない。人の10倍働いて人の10倍税金を払い、10倍の経済効果を生み、世の中を回しているのだ。「スーパーカー」なんて贅沢でも何でもない。そして**「スーパーカー」に乗ることによって、少なからず経済を回すことにつながる。**

「波騒は世の常である。波に任せて泳ぎ上手に雑魚は踊り、雑魚は謳う。けれど、誰か知ろう百尺下の水の心を、水の深さを」――――吉川英治著『宮本武蔵』の最終話を締めくくる最後の言葉である。学問と武芸と「スーパーカー」ほどこの真理を突いたものはあるまい。「スーパーカー」に乗るのにもきちんとした理由があり、事情がある。そしてその対価として、想像もつかないような経済効果も生んでいる。だから、人目を忍んで草葉の陰に隠れて「スーパーカー」を所持していないで、お天道様の下で堂々と大手を振って乗ればいい。コロナだウクライナ侵攻だ値上げラッシュだと、世の中は相変わらず暗いニュースのオンパレードである。こんな時代、「スーパーカー」に乗っているだけでも白い目で見られ、悪い奴に目を付けられるのではないかとますます「スーパーカー」を敬遠する人も少なくないだろう。しか

カウンタック・ミーティングで野村潤一郎先生と

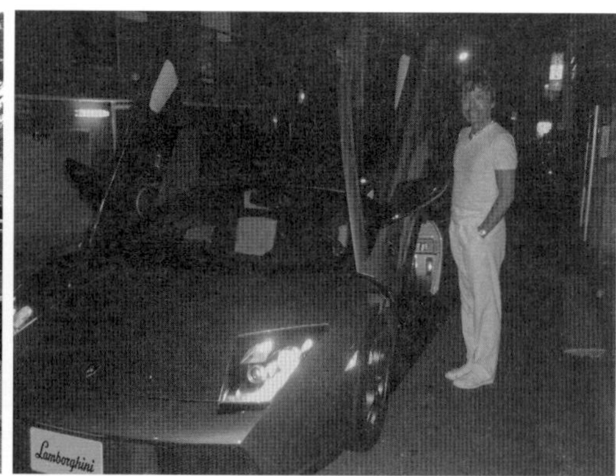

40周年記念ムルシェラゴで自宅まで送ってもらった際に

し、あえて言おう。こんなご時世だからこそ、どんどん「スーパーカー」に乗ろう。なぜなら「スーパーカー」は必然的にハレの日に乗る車であり、「スーパーカー」は見る人を笑顔にする。

結果、**「スーパーカー」は世の中を明るくする。それだけはいつの時代も変わらない。**

第5章

「スーパーカー」との別れ

5.1 離別

人生には別れがつきものである。別れの形も様々だ。嫌いになって捨てるように離れることもあれば、他のものに気が移ってそのまま浮気が本気になることもある。あるいは自然死で何年も前から分かっていた別れもあれば、青天の霹靂で突然の別れもありえる。

「スーパーカー」も新しいモデルが出るたびにポンポン買い替える人は、なんだか異性に対してもそうなんだろうなーと、勝手にその人のイメージを焼き付けてしまう。逆に周りが何を言っても聞かず、長年連れ添った古いモデルを金に糸目をつけずにいつくしむ人は、異性に対してもそうなんだろうなーと勝手にいい人のイメージを植え付けてしまう。長年車と連れ添い色んな車を見てくると、大事にされてきたかどうかがすぐ分かるようになる。また車とペットは、顔の感じも性格もオーナーに似る。だから好きで長年愛した車との別れは、最愛の人やペットとの別れと全く同じである。ペットと死別した飼い主がペットロスになるのと同じで、「スーパーカー」を手放したオーナーは「スーパーカー」ロスを経験する。

本音を言えば、できればこれまで所有したどの「スーパーカー」とも別れたくはない。全部所有していたい。それは「ミニカーと精霊馬」の項で書いたとおりである。でもそれは叶わない。物理的にも経済的にも。

5.2 思い出はプライスレス

これまで何度別れを経験したことだろう。しかし「スーパーカー」は出会った頃に払ったのとほぼ同じ現金を残して去っていく。カウンタックもガヤルドも308も、買った金額と同額で売れた。ということは、税金や保険代、ガソリン代と高速代を除けば、車両価格はタダで乗ったということになる。唯一例外はタイミングベルトが切れたフェラーリ360スパイダーだけだった。傷物になったせいで、この娘だけは相場の半分のお金しか残していかなかった。しかしニュービートルなんぞは触媒が焼け落ちたこともあって、買った金額の70分の1のお金しか置いて行かなかったのである。それを考えれば、フェラーリは腐ってもやはりフェラーリである。しかし残していったものは一緒に過ごした日々の楽しい思い出という、お金では買えないし、またお金以上に大きいものである。「スーパーカー」を所有し、維持することは、それだけで揺ぎない自信を与えてくれる。それ以上に、愛犬との楽しい日々同様、「スーパーカー」との日々は、かけがえのない大きな財産と思い出を残してくれる。

「スーパーカー」を買ったはいいが、維持できずに1ヶ月で手放すかもしれないだろう。それでもいいじゃないか。「あの頃俺はフェラーリに乗っててねぇ…」と昔取った杵柄で、自慢話と思い出話ができる。だから「スーパーカー」購入で悩んでいる人はぜひ、「スーパーカー」に乗ってほしい。私のような大の犬好きが一度犬を飼ってしまったら、もう犬なしの生活には戻れない。「スーパーカー」好きも一度「スーパーカー」を持ってしまったら、「スーパーカー」なしの生活には戻れない。チワジと「スーパーカー」の思い出は、最強でプライスレスである。

あ、チワジも「スーパーカー」も今も元気に走り回っていて、いつも私の側に寄り沿ってますけどね。

第6章

「スーパーカー」あるある

「スーパーカー」と言えば、やはり何をおいてもランボルギーニ車であろう。その中でも「スーパーカー」の中の「スーパーカー」は、やはりカウンタックをおいて他にはないだろう。そのためここで述べることは、「スーパーカー」というよりはカウンタックあるあるである。

6.1 ランボルギーニのドア事情

前書『フェラーリとランボルギーニ「スーパーカー」の正体』でも紹介したが、アメリカの建築家エドワード・サリバンの「形式は機能に従う」という言葉がある。しかし「スーパーカー」はその特異な形状ゆえに、この言葉とは逆で機能が形式に従うのが常である。

その最たるものがカウンタックのドアの開閉である。この独特なドアの開閉の仕方と室内へのスムーズな乗り込み方で、カウンタック熟練度がすぐに分かる。素人は✕印の部分に手を置いてドアを下に押し込んでドアを閉めがちであるが、ここを押すとドアのプレスライン上部がへこむ恐れがある。ドアを閉める際に手を置くべき正しい場所は、▭で囲ったサイドのエア取り入れ口のNACAダクトの下部面である。素材的にも力のかかり具合い的にも、ここが一番安全でベストである。カウンタック・オーナーならだれでも知っていて無意識に実践できていることが、素人には分からない。だから素人は怖いのである。所有して初めて分かることも多いが、少なくない数の諭吉先生（現在は渋沢栄一になったが）とお別れしての失敗の繰り返しで、真のオーナーになるまでは茨の道である。

またこの特殊なドアの形状と斜めに寝ているサイドウィンドーガラスの傾斜ゆえに、カウンタックのサイドウィンドーの下部はドアパネル内部でドアの側壁に干渉するため、窓枠のサイドバーの下半分が10cmほどしか開かない。窓を開けたままドアを閉めると、その衝撃で窓がひび割れたり下に落ちたりすることがある。カウンタックの下窓は窓枠を支える一部を担っているのである。だから、ドアを閉める時には⬭で示したように、下の窓も閉め切っていな

カウンタックのドアの開閉要注意ポイント

いと危険である。さらにカウンタックに乗り込む際には、ダイバーが船の縁に腰かけて後ろ向きに背中から海に入る時のような感じで尻からシートに滑り落ちる姿勢が一番無駄と抵抗が少なくて理想的である。しかしこれだとシートに滑り落ちる瞬間に、勢いで跳ね上がった足で左のウィンカーレバーを蹴り折ることも素人あるあるである。だから目を輝かせて「シートに座ってもいいですか？」と聞いてくる素人ギャラリーに、カウンタック・オーナーは何かやらかしはしないか内心ヒヤヒヤしているというのが本当のところである。

もっと言えば、カウンタックからムルシエラゴまで続く、ドアダンパーのガス抜けによるドアのギロチン状態がある。夏場の暑い時期にはダンパー内部のガスが膨張して勝手にドアが上に持ち上がる一方で、冬場の寒い時期にはダンパー内部のガスが圧縮されてドアが勝手に落ちてくる。ちなみにこのドア単体の重さは、カウンタック・アニバーサリーではサイドウィンドーの電動モーターなどが内蔵されたこともあり、カウンタックシリーズの中では一番重く約70キロある。このシザーズ・ドアのギロチンに携帯電話やスマホを挟まれて破壊された経験もカウンタック・オーナーあるあるである。ひどいのになると手の指や足の指を挟まれて怪我や骨折という話もある。それを揶揄して、ランボルギーニ車の“シザーズ・ドア”は“ギロチン・ドア”と呼ばれることがある。幸い私はどちらの経験も一度もない。というのも、ドアダンパーの付け根部分が異様に固く、ドア内側の革のインパネとトリムがAピラーの付け根部分と擦れて止まっていたから。ただこれってドアのチリと取り付けがかみ合っていないということなので、どうなのよ。

6.2 「スーパーカー」のパーツ事情

現在でも欧州車には共通してみられるが、ゴムやプラスチックのパーツやスイッチ類が極めて質が悪く、室内のエアコン周りのベタツキはフェラーリ車などでは定番の現象であるし、天井の内張りが剝がれて垂れ落ちてくるのもフォルクスワーゲン車やジャガー車の例を持ち出すまでもなく、欧州車あるあるである。とりわけイタ車の材質が悪いのは極めつけであるが、中でも当時の財政難のランボルギーニ社にあってカウンタックに使われているパーツの素材は総じて劣悪で、ゴム類やプラスチック類は言わずもがな、乗らないで放っておくとクラッチも固着してしまう。こういうことは忖度した車雑誌では決して教えてくれない、というか書けない。この時代の車は総じてフェラーリ車のパーツの材質も同様で、イグニッションコントロールユニットがマレリ製のCDIやポジションライトなど、カウンタックと同じパーツを使っている部分も少なくない。ちなみにマレリ製のCDIはすぐに壊れてイグニッションをONにして

同じパーツのフェラーリ308とランボルギーニ・カウンタックのウィンカー＆ポジションライト

も火が飛ばずエンジンがかからなくなるので、カウンタックではMSDの7ALか6ALに変更するのが定番である。当時カウンタックに合うMSDにはメタリックレッドとゴールドの2色があり、その見た目でどっちの色にするかと腐心するオーナーが後を絶たなかったが、現実にはメタリックレッドにするオーナーが多かった。私の場合も同じである。

またポジションライトのカバーであるが、カウンタックはアニバーサリーだけそれまでの透明から白く濁ったものに変更される。これはデザイン的な要素による変更などではなく、元から薄暗いライトを白く濁ったカバーを通すことで少しでも光を拡散させて目立ちやすくするために採られたチープな手法のためである。そもそもが貧弱なオルタネータで、ただでさえ電気を無駄に消費しているこの時代のイタリア車にはライトの発光自体を明るくするという発想はなく、ただただ手作りの民芸品で、かつて私が熊本県で1位を取ったことがある中学生の発明コンテストレベルの改良しかできていないというのが実のところである。これは同時期のフェラーリ365GT4/BBのウィンカーカバーにも通じ、昭和の半袖半ズボンスーツに半分の長さのネクタイと同じく、この時代の省エネ的発想である。

前書『フェラーリとランボルギーニ「スーパーカー」の正体』でも触れたが、自動車業界には、他の車種や最新型モデルのヘッドライトやフロントバンパーを移植する「フェイススワップ」という慣習がある。その例として、ランボルギーニ・ディアブロは初期モデルこそリトラクタブルヘッドライトを採用していたが、後期型となるMY99からは固定式に変更された。そのディアブロのヘッドライトは、日産フェアレディZ（300ZX）のものをそのまま流用している。ディアブロの独特なフォルムと、低く鋭いノーズに組み込んでもしっかりと前を照らせるライトユニットとしてランボルギーニ社が目を付けたのが、日産フェアレディZのヘッドライトだったのである。同様の例としては、ロータス・エスプリのテールライトは、AE86型カローラレビン、俗称“ハチロク”のそれの流用であったことはあまり知られていない。このテールライトは、エスプリのモデル末期まで使用され続けた。またエスプリ最終型のV8アニバーサリーでは丸目4灯のテールランプに変更されているが、こちらは同じロータスのエリーゼのテールライトの流用である。テールライトつながりで言えば、カウンタック25thアニバーサリーのテールライトはアルファロメオ・アルフェッタセダンのテールライトと同じものであり、ジャガーXJ220のテールライトはローバー200シリーズのそれと、フィアット850のテールライトはランチア・ストラトスHFのそれと、アストンマーティンDBSのテールライトはヒルマン・ハンターGLのそれと、アストンマーティン・ヴィラージュのテールライトはフォルクスワーゲン・サンタナのそれと、同じくアストンマーティン・クワトロポルテのテールライトはデーウ・ヌビラのそれと、デ・トマソ・パンテーラのテールライトはアルファロメオ1750ベルリーナのそれと、デ・トマソ・パンテーラGTSのテールライトはアルファロメオ2000ベルリーナのそれと同じである。さらにフランスのボバヒューチュラというコーチバスのテールライトはマクラーレンF1のそれと、マツダ323Fのテールライトはアストン・マーティンDB7のそれと同じであり、TVRグリフィス400のテールライトはイギリスのヴォクソール・キャバリエのそれと同じである。日本製「スーパーカー」であったトヨタ2000GTの丸目4灯のテールライトは、マイクロバスのテールライトを流用していた。さらにバスのテールライトということで、日野自動車の小型バス「ポンチョ」のテールライトも例にもれない。ポンチョはムーバスの名称で、東京都の武蔵野市内や横浜市内など、地域のコミュニティーバスとして採用されることが多い小型の周回バスとして有名であるが、ムーバスの丸型テールライトは、ディアブロのテールライトの流用である。そしてその丸目のヘッドライトも、ダイハツの軽自動車である2代目ムーブカスタムのヘッドライトの流用である。さらには、ランボルギーニ・ムルシェラゴのフロントサイドウィンカーはフォード・フォーカスのそれと同じパーツであり、フィアット・プントのヘッドライトはMGのXパワーSV-Rのそれと同じパーツである。もっと言うと、ロータス・エスプリのドアノブはモーリス・マリーナLEのそれと、ジャガーXJ220のサイドミラーはシトロエンCXのそれと、マクラーレンF1のサイドミラーはフォルクスワーゲン・コラドのそれと、パンター・デビルのフロントドアパネルはオースティン・マキシのそれと、パガーニ・ゾンダの室内オーディオの液晶画面と7連スイッチはローバー45のそれと同じパーツである。読者も疲れてきただろうから、これくらいにしておこう。他にもこうしたパーツの流用の例は枚挙にいとまがないが、その実情は全ての部品を専用に作り起こすのはコストが見合わないため、規格品の汎用で済ませているという現実のためである。

さらに驚きなのは、カウンタックのドアキーである。カウンタック・ミーティングの場で一度試したのだが、カウンタックのドアキーは大体どのカウンタックにも合う。そして328もカウンタック・アニバーサリーもドアキーはフィアット製なので、どちらも同じ形状をしている。これって防犯上大問題だが、そもそも台数がそんなにないので大丈夫ということなのだろうか？またカウンタックは1台1台車検証の寸法が違っている。こういうことは、国産の量産車ではまずありえない。さらにさらに、スピードメーターの針が外側にエビ反りしてストッパーの棒を超えて下まで垂れ下がってしまうこともカウンタックには珍しくなく、スピードメーターの針自体が不動になるのもカウンタックにはお決まりのあるあるで、全く驚くに当たらない現象である。そんな時は、斜め45度の角度でメーターパネルを平手で叩くと直ると言われており、実際私もやった。それで実際にメーターの針が動き出した時は、呆れを通り越して思わず笑ってしまった。のび太の家の、昭和のテレビの直し方と同じである。

余談ついでに言えば、タコメーター、電圧計、油圧計や燃料計の文字盤にJAEGERと銘打ってあるが、これをジャガーと読んでカウンタックのメーターはジャガー製のものを使っているなどと、ドヤ顔でブログに恥ずかしい間違いを書き込んでいるオーナーが時折見受けられる。これはイエガーと読み、高級時計会社のJAEGER Le Coultre（イエガー・ル・クルト）製であることを示している。イエガーは、1950年代のフェラーリ車やマセラティ車、アバルト車のダッシュボードに採用されるメーターをはじめとして、本来は航空機や自動車用の計器製造部門だった“ジャガー・ルクルト”と合併してできた高級時計メーカーである。話を戻すが、JAEGER Le Coultreの正しい発音は“イエガー・ルクルト”である。ちなみにイギリスのジャガー車の英語表記はJAGUARでJAEGERとはスペルが全然違うので、やはり学生時代にしっかり英語の勉強しておくことは大事だよ。

メーターの話一つ取っても、「スーパーカー」は実に味わい深い。

6.3「スーパーカー」の内装事情

次に内装であるが、フェラーリは“値段が高くなればなるほど何もなくなる”と言われるほど室内は簡素化されて、その造りはシンプルかつ単純な上に、作法もカウンタック並みになんやかんやと小うるさい。テスタロッサ系の独特な折り畳み式サイドブレーキレバーも、その操作に慣れるのに少し時間を要する。オートメーション化された工場で造る工業製品としての量産車に乗る人には理解も納得もいかないであろうが、F40なんかは億越えの価格のわりに、室内装備は簡素を通り越してチープですらある。室内側のドアノブなんてワイヤー一本だし、エアコンスイッチの風量設定もどれもこの時代のクオリティーと言えばそれまでだが、温度設定などなく暖かいから冷たいまで目分量である。

また、カウル内側の塗装の仕上げやカーボンケブラーの合わせ目の処理など、仕上がりが雑なものから綺麗なものまでまちまちである。さらに驚くべきは、91年までのモデルと92年以降のモデルではボディーの厚さが異なり、90年以前のモデルはかなり薄いボディーだったのが、92年以降のモデルは厚みがかなり増している。その他にも92年以前のモデルはボディーパネルの裏側、リヤアンダーカウルの内側、リヤカウル後部のエアスリット裏側、ヒューエルリッドカバーの裏側、ブレーキ冷却ダクトなどの部分はクリア処理されただけでカーボンケブラー素材むき出しのままだったのが、92年以降のモデルではこれらの各部分が艶消しのマットブラックに塗装されて隠されるようになる。しかもこれも統一規格で一斉にというのではなく、個体によって変更はまちまちのようである。人目に付かないフェラーリ車のこうした変更は、前書『フェラーリとランボルギーニ「スーパーカー」の正体』で、360モデナの前期型と後期型のフロントヘッドライトの造形の違いやエンジンフードサイドの雨どいの有無の例を取り上げて説明したとおりである。ただでさえ生産台数の少ないフェラーリの、その中でも市販モデルの1／10以下の生産数しかない“スペチアーレ”モデルで、ここまで見比べる機会を持ち、細部を知りえる人間が世の中に何人いるかが、フェラーリ社のこうした秘匿性とベールに包まれた変更の社風を生み出している。そしてそれは、「スーパーカー」全般にも言えることである。

またシート形状はフェラーリ328とランボルギーニ・カウンタックアニバーサリーは、その時代のデザインの潮流なのか、きわめて類似したデザインとなっている。車両の製造期間はフェラーリ328が1985～89年、ランボルギーニ・カウンタックアニバーサリーが1989～90年と、両モデルにとって最初と最後の89年の1年のみしか重なっていないのだが、なぜだろう。

6.4 「スーパーカー」の動作事情

最後に、エンジンの始動にしても「スーパーカー」は儀式が必要となる。スイッチ一つでいつでもエンジンがかかる現代の車が当たり前と思っている人間は、カウンタックはもとより70年代のキャブレターの「スーパーカー」は、まずエンジンすらかけられないだろう。コールドスタートとホットスタートでは多少儀式の方法が異なるが、コールドスタートではエンジンを停止させた状態でアクセルを5～6回あおってやり、イグニッションをONにしたままヒューエルポンプがカタカタカタカタと燃料を吸い上げる音を5秒ほど確認し、アクセルを1～2cmほど軽く踏んだ状態でキーを最後まで捻り、エンジンをスタートさせる。そうしても、エンジンはすぐには目を覚まさない。長めのクランキングを繰り返していると、面倒くさそうに12気筒エンジンが目を覚まし始める。ポルシェのようなキンとした空気を切る鋭い感じは全くなく、12気筒の自然吸気キャブレターエンジンはどん臭く重い感じでいやいや目覚める。バイクにお乗りの方なら、冬場のバイクのエンジンのかけ方と似ているのでご理解いただけると思う。「スーパーカー」を機嫌よく目覚めさせるには、人馬一体ならぬ人牛一体となった、心の通じ合った愛情あふれる優しい起こし方の作法が必要である。でもね、クラッチ、ギヤ、ハンドル、み〜んなすっごく重くて、カウンタックを自由自在に操るのって実は結構な重労働である。カウンタックはどこまでも押忍の精神で、額に汗してひたすら仕えるのみ。白鳥は水面下では必死に水をこいでても水上では優雅に見える。カウンタックの運転も同じ。

しかし地の底から湧き上がるようなランボルギーニのV12サウンドは、ワイルドで、嫌でも自分の中で男のボルテージが上がっていくのを感じる。眺めてよし、聴いてよし、乗ってよし、走ってよし。

カウンタックだよ人生は。(by ボンジョルノ西川)

男は黙ってランボルギーニ（by 私)。

しかしこの辺の動作事情はフェラーリ車でも大体同じ。マクラーレン車でさえも「あばたもえくぼ」の項で後述するが、"ディヘドラル・ドア" と呼ばれる上に開くドアはランボルギーニ車と似通るが、なにせ斜め上に開くバタフライ構造のため乗員が中から腕の力だけで垂直に上に開けようとしても、まず開かない。肘で軽くドアを外に押し出してやるだけでよい。それだけでドアが勝手に自然に上がってくれる。こうした構造による車の特性を瞬時に見抜き、車にとって最も理にかなった負担にならない効率的な所作を本能的に実践できるかも「スーパーカー」との相性による。それは理屈で教わるものでなく、本能的かつ経験的に身に付いた察知する力である。そしてこういうところにも、「スーパーカー」オーナーに相応しい資質の有無が自然と表れるのである。

2012年以降の車は、それまでの工業製品としての荒削りな機械というより、PCやスマホと同じ線上にある電子機器という感じしかしなくなった。快適さや安全性、機械に対する信頼感といったものは格段に向上したが、乗り味や個性、悪く言えば "クセ" といったものが全くなくなって、どの車も同じ乗り味しかしなくなったと強く感じる。それは「スーパーカー」も然りである。しかしそれでも、「スーパーカー」は「スーパーカー」である。

「スーパーカー」を颯爽とカッコよく乗りこなすためには、所作だけではなく機械の構造的な部分にも気配りができる、色んなセンスが試されるのである。

6.5 「スーパーカー」の製造事情

「スーパーカー」は基本、手造りである。それが良さでもあり、悪さでもある。特に**80年代までの「スーパーカー」は、工業製品としての機械の車ではなく、美術品としての民芸品か手芸品なみのレベル**であると思った方がいい。カウンタックなんてドアサッシのサイドウィンドーフレームとAピラーのフロントガラスサイド側は手作業で定規も添えずにはさみかカッターで切ったみたいにギザギザでグネグネだし、その隙間から新車でも雨漏りする。だから当時はランボルギーニのこういう手芸品並みの造りを揶揄して、「オンボロギーニ」だの「段ボールギーニ」だの、有り難くない冠ネームを頂戴することが少なくなかった。

手作り感満載のカウンタックのAピラーとドアフレーム。

そしてそれに輪をかけるのが、その当時よく聞かれたショップ側の「ランボルギーニですから…」という言葉である。「ランボルギーニですから…」は3度にわたって倒産したランボルギーニというメーカーの過去の困窮ぶりを槍玉にあげ、「元から貧乏メーカーなので車がボロでも仕方がない」と同義で使われてきた。一方、「フェラーリですから…」は「高いのが当たり前」と同義で使われてきた。このことは、「高いフェラーリには理由はないが、安いフェラーリには理由がある」という、高名な自動車評論家の名言からも明白である。しかしこうしたランボルギーニ車のちゃっちい不具合は、フェラーリ車にお決まりの室内のベタベタ問題でも似たり寄ったりである。そういう時は決まって「イタ車ですから…」、「欧州車ですから…」というのが、ショップ側のお決まりの逃げ口上であった。確かに欧州車は接着剤の問題か、はたまた日本の気候の問題か、天井のインパネが剥がれ落ちたりプラスチック部品がベタつくという厄介な点は共通している。しかしこういうショップとは付き合わない方がいい。**「スーパーカー」とのつきあいは、つまるところショップとの付き合い、人と人との付き合いである。**同様の経験をしたことがある人も少なくないだろうが、えてして車屋というのは殿様商売で“売ってやる”的な、上から目線の横柄な人間が多い。特に個人経営の中古車屋は、その傾向が顕著である。えてしてそういうところに限って、上記のような言い訳をする。そりゃそうだろう。購入後のアフターケアも何の保証もない、売れれば勝ちの売りっぱなしのその場だけの関係なのだから。ディーラーが自分のショップやメーカーに傷をつけるようなこういう言い訳ができるわけもない。そういうショップは、ひょっとしたら納車整備も手を抜いてちょろまかしているかもしれない。それくらい警戒した方がいい。またショップの性格を見るために私がよく取る手は、車庫証明も希望ナンバーも自分で申請して取得する、ということである。さらにはここ最近よく見られるような、納車の際に暗黙のうちに強制されるコーティングもやらない。実はショップの懐に入る一番の儲けが、これらの項目の代理という名の手数料である。車両本体価格が天文的なので、1台売れれば売り上げも相当なものだと思うのが常だが、「スーパーカー」なんてそんなに回転の速い車ではない。軽自動車を売る方がまだ回転率も高く、儲けも出るだろう。そこを全部自分でやるのだから、当然ショップとしては内心忸怩たるものがあるだろう。しかしこれを許してくれるショップは相当懐が深く、良心的である。直接の売り上げに上乗せされる儲けに目をつぶってくれるのだから。私は普通の足車も「スーパーカー」も、車庫証明も希望ナンバーの取得も全部自分で申請する。また場合によっては、場所にもよるが積載業者に頼まず自走で車を持ってくる。さらには趣味が高じてコーティングも自分でやってしまう。その腕前はp.97で確認されたい。これだけでも数十万円浮く。削れる購入費用はとことん削る。その分時間と労力は取られるが、一度やってみるといい。車に対する愛情も段違いになるはずだ。そして日常の足車（ベンツ）くらいなら、持ち込みのユーザー車検で自分で通す。そこまでやると、愛車のメリット、デメリットも分かって、整備士やショップも一目置いてくる。安心のメンテナンスはショップとの付き合い、ひいてはそこの整備士との付き合いが肝心となる。

カーライフの良し悪しはショップで決まると言っても過言ではない。しかしながら、今までまかり通って来た「ランボルギーニですから…」、「イタ車ですから…」という言い訳は、現在では通用しない。某ディーラーの営業担当の言葉だが、こういう言い訳をしていたら、現在のランボルギーニ・ウルスの購入客は信頼性の高い他のメーカーの車に逃げてしまうというのである。このことは、それだけランボルギーニの車としてのレベルと信頼性も上がったと同時に、購入客の世代と意識が確実に変わったことを意味している。しかしランボルギーニ車特有の、ガラもセンスも悪い勝手なモディファイは世代を超えて変わらない。なぜだろう？

また何でもかんでも安く済ませようという貧乏根性も、大衆車とは違う「スーパーカー」購入では一番危険で捨てた方がいい考えである。中には会社の税金対策の経費で購入する人もいるだろう。色んな購入スタイルがあって然りだが、私は個人的にはそういうのは真の「スーパーカー」オーナーとはみなさない。資産価値を大事にするのはいいが、「スーパーカー」にありがちな投機目的での購入も、本当にその車への愛情があるのかどうか考えものである。

フェラーリ車はじめ「スーパーカー」は値落ちしないのが一般的で、うまくいけば売却価格が購入価格を上回ることさえあることは、前書『フェラーリとランボルギーニ「スーパーカー」の正体』でも詳しく紹介した通りだが、中古車に限って話せばそれはこれまでのオーナーの努力によって成り立っているもので、それを利用して自分だけ甘い汁を吸おうという考えは禁物である。「スーパーカー」は自動車の形を借りた世界遺産であり、自分が所有している間はグッドコンディションを保つ責務が生じ、自分の役目が終わったらそのまま次の世代に引き継ぐための維持管理者に過ぎないという、諸行無常の輪廻の意識を持つべきである。それが「スーパーカー」を楽しむための秘訣であり、ひいては「スーパーカー」にとどまらず色んな価値のある希少品の所有とも通底する精神だと強く思う。

ここまで読んだだけでも、とてつもなく面倒くさくてドッと疲れたことでしょう。私が所有したフェラーリ308のドアノブなんかはいかにもチープなプラスチックの作りで、力任せに引っ張るとドアノブ自体が取れたりする。またドアキーもシリンダーの本体自体がキーと一緒にクルクル回ってドアキーの役目を果たさないことが多い。その程度はモデルによっても個体によってもまちまちである。だからそれを知っている「スーパーカー」オーナーは、おいそれと他人の車のドアを開けてシートに座るなどというお願いもしなければ、それを実行に移すなどという無謀な冒険は犯さない。「6.1」でも述べたが、そういうお願いをするのは決まって無知な素人だけである。そして本人の気づかないところで、何かしらやらかしているものである。あくまで個人的経験値での憶測だが、そういう素人はおそらく実際に「スーパーカー」のオーナーにはなれない気がする。「スーパーカー」を所有するには、やはり軽々しく他人の車のシートには座らずに心のどこかに「他人の車はどこまでも他人の車、いずれ自分の車にしていやでも乗り倒してやるから今に見ていろ」的な“ル・サンチマン”が必要かもしれない。要は買うにも乗るにも普通の感覚ではいられないし、背水の陣を敷いて買う車でもある。

しかしこれだけ暑苦しくうんちくを垂れ流したところで、カウンタックの現オーナーや元オーナーならいざ知らず、これからカウンタックやフェラーリF40を買おうという予備軍がどれだけいるか、それが最大の現実問題かもしれない。

6.6 助手席は荷物置き

「スーパーカー」は荷物が詰めない。基本、助手席が荷物置きである。気休め程度にしかならないが、出先での雨に備えて私はトランクの中にボディーカバーを常備している。おかげで旅行用カバンは入らず、助手席シート上か助手席の足元に置くことになる。助手席に絶世の美

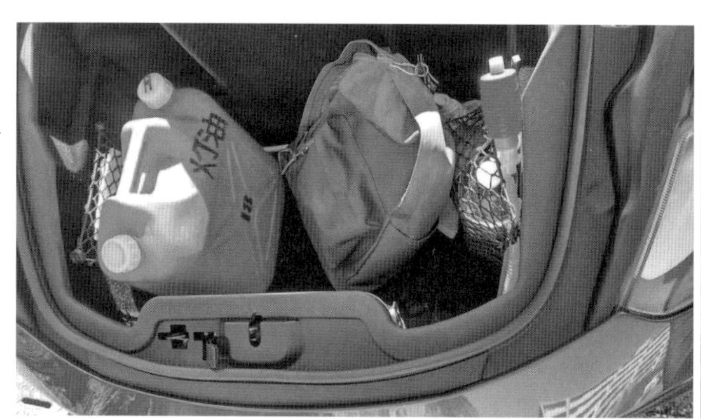

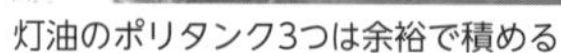
灯油のポリタンク3つは余裕で積める

筆者の場合、愛車のトランクは愛犬のくつろぎ場

女を乗せて颯爽と「スーパーカー」を走らせる夢を見る者は多い。しかし現実には、乗りたがるのはオッサンかガキンチョであり、まず美女が進んで乗って来ることはない。私の場合助手席はもっぱらチワワジか荷物が乗っている。カウンタックに乗っていた頃はいつも一人で乗っていたので一度くらいは映画のワンシーンみたいに美女を乗せて走りたいとぼやいたら、「スーパーカー」仲間から南極●号を乗せたらいいと提言された。しかしそれは今日に至るまで実現していないし、したくもない。「スーパーカー」は運転も含めて、一人で悦に入って楽しむものである。

ちなみに現在の筆者の愛車であるマクラーレンMP4-12Cのフロントトランクは、横幅約750mm、奥行き約595mm、高さ約475mm、容量は約144ℓと「スーパーカー」としてはかなりの大容量で結構荷物が積める方ではある。日常の生活でも冬場は灯油のポリタンク3つは積める。天草の実家に帰省した時に貰う大量のミカンや生魚、野菜などの食品を積んでもまだまだ余裕である。しかしそれでも**「助手席は荷物置き」が「スーパーカー」の基本である。**

私の場合、愛車のトランクは宇宙一可愛いチワワジのくつろぎ場だけど。

6.7 水入り2リットルペットボトルは必須アイテム

最近の「スーパーカー」はそうでもないだろうが、70年代～80年代あたりの古い「スーパーカー」は、ラジエターのクーラント液漏れといったトラブルが起きることが珍しくない。緊急的な応急処置のため、常に水を入れた2リットルのペットボトル2本は常備しておくのが「スーパーカー」オーナーの最低限の務めである。私自身、走行中にラジエターからのクーラント漏れはカウンタックで二度、ガヤルドLP560-4で一度、そしてマクラーレンMP4-12Cで一度体験した。ラジエタータンクの継ぎ目が熱害や経年劣化などで必然的にひび割れして、そこからおもらしすることが多い。ガヤルドLP560-4の時は元旦に初乗りで街中を流している最中、助手席側のリヤガラスだけ蒸気で白く曇ったので、本能と経験から「これは!」と思い急いで車庫に引き返した。幸い近場で自宅車庫まで5分ほどだったので、事なきを得た。車庫の中に停車してエンジンが冷えればクーラント自体も流れないので、おもらしは止まる。この時も経年劣化でラジエタータンクの継ぎ目から漏れていた。ラジエタータンクを新調して問題解決したが、タンクとキャップが一式のアッセンブリーではなく別々のパーツとして取り扱われており、タンク2万円、キャップ1万円という価格に驚いた。マクラーレンMP4-12Cはキャップ2万円だけどね。

『テニスボーイ』などの作品で知られる漫画家の小谷憲一さんと、彼の愛車であるフェラーリ512TRと一緒にカウンタックで都内を流していた時に、私のカウンタックがおもらししてしまった。その時はペットボトルの水を全部ぶち込んで、近くにあったインドカレーレストランに入って事情を説明して、空になったペットボトルに水だけ補給してもらったことがある。いずれにしても、おもらしの時はその場で立ちいかなくなってJAFを呼ぶような事態にならない限りは、水を継ぎ足し継ぎ足しで自宅まで帰ることになる。エンジンが温まっているとふなっしーの梨汁ブシャー攻撃なみにクーラントが噴き出すので、なかなかそうもいかないが。

6.8 消火器も必須アイテム

消火器の常備も水の入った2リットルのペットボトル常備と同じく「スーパーカー」オーナーの最低限の務めであり、足元に消火器を積んでいるのがいかにも筋金入りの走り屋みたいで、消火器を積んでいるのが一種のおしゃれアイテムにすらなっている感がある。「スーパーカー」では水入りペットボトルと消火器が、普通車の発煙筒と三角表示板と同じくらい常備しておく必須アイテムとなっている。

助手席の足元には消火器を常備

実際、**古いイタリアン「スーパーカー」はよく燃える。**夏になるとよく「スーパーカー」の火災事故が起きて、そのニュースがテレビで流れることも珍しくない。「スーパーカー」の火災事故は、一種の夏の風物詩になっている感じさえある。私もカウンタックとフェラーリ308の足元に消火器を常備していたが、これを使う機会はなかったのは幸いである。なんにせよ、燃料ポンプのゴムホースの劣化によるひび割れとそこからのガソリン漏れでの引火による車輌火災は「スーパーカー」に限らず一定の年数を経た古い車にはよくあることなので、購入の際には第一にチェックすべき重点項目である。

第7章

「スーパーカー」オーナー あるある

7.1 ご先祖様は大切に

ここからは「スーパーカー」そのものというより、「スーパーカー」にまつわる話や「スーパーカー」オーナーあるあるを、徒然なるままに書きなぐっていきたい。ひょっとしたら今後の「スーパーカー」購入予備軍の方たちの何かのお役には立つことがあるかもしれないし、ないかもしれない。

意外に思われるかもしれないが、私は結構信心深い。怪しげな宗教に入信しているとかではなく、ただ単にご先祖様への感謝を忘れず、夫婦で実家の墓参りも欠かさない。くわえて毎日朝と夜に天国のモカ婆ちゃんと千代婆ちゃんと父親、さらには実家の前の島に祀ってある愛宕様、沖縄の安須森御嶽の神様、宇佐神宮の神様、高良大社の神様に、「今日も一日お願いします」と「今日も一日有り難うございました」と感謝の言葉を心で伝え、車の運転前にも無事故、無故障をお願いし、無事帰ってきたらそのことを感謝する、ただそれだけである。しかしそのせいもあってか、私はこれまで幾度となく危険な目にあっても九死に一生を得る様な経験を何度もしてきた。ご先祖様に強く守られているという気がするし、また手相でもご先祖様のご加護がかなり強いらしい。

「仏眼」という手相をご存知だろうか。親指の第1関節が、眼のような形になったものである。これが10本の指全部にあるのはかなり珍しく、一説によると日本人全体の5％位だそうだが、私には10本全部にその「仏眼」がある。そのせいか分からないが、私にはこの世には存在しないモノが見える時があり、特に沖縄などの南の島に行くとその感覚が覚醒する。母親と2番目の姉は、私なんかよりはるかに霊感が強い。また私の身の周りには、子供の時から不思議なことがよく起こる。その一つが、私が勝手に“ツガネ騒動”と呼んでいるある出来事である。保育園児の時、私は布団の中で母が語る昔話を聞きながら寝るのが習慣であった。ある時母が、「最近はぱったり見なくなったけど、昔、自

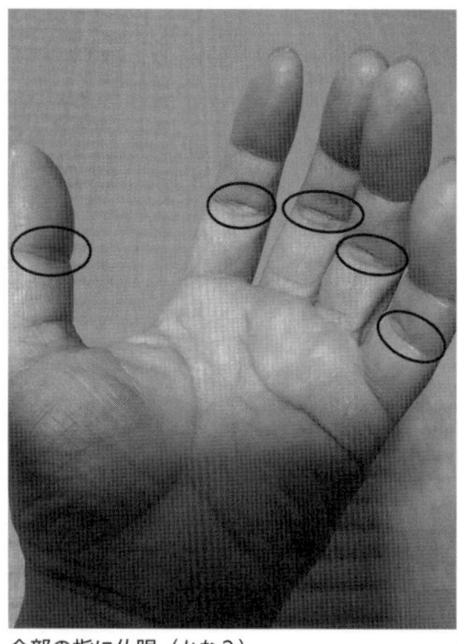

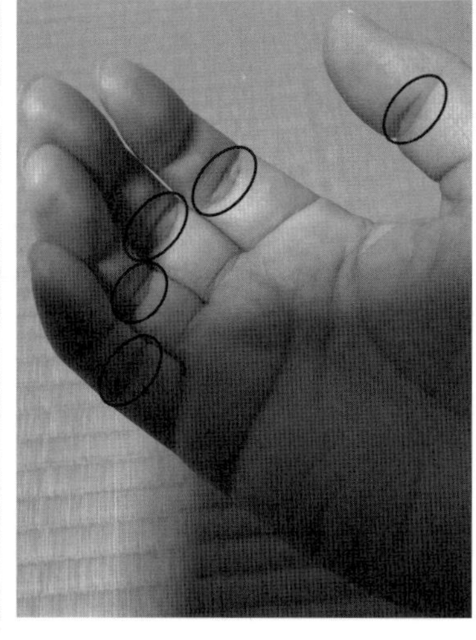

全部の指に仏眼（かな？）

分が子供の頃には田んぼの中に物凄くでかいツガネ（琉球放言でいうところの“ガザミ”みたいな巨大なカニのこと。天草方言でカニのことをガネと言う）がいてねぇ」と放った何気ない一言が脳裏に焼き付いて離れず、それからは夢遊病患者がうなされるごとく、伝説か幻のUMAなみにツガネの存在に取り憑かれ、毎日欠かさず朝に夜に「ツガネが見たい。ツガネが見たい」と繰り返していた。それは3ヶ月くらいたったある夏休みの早朝だった。眠りの中の私は、ツガネを捕まえたもの凄くリアルな夢を見ていた。そうしたら、母が血相を変えて私をたたき起こしに来た。母親が「あれを見てみろ‼」と指さす先には、紐で縛られ頑丈にフタがしてあるミカン箱のプラスチックの箱があった。なんと、その中に1匹の巨大なツガネが入っていたのだ。あまりの巨大さと本当にいたんだという感動で、嘗め回すように箱の隙間から覗き込んで動かない私に、母は「お前がツガネツガネ言うから、姿を見せに出てきてくれたんだ」と言いつつ、そのツガネがどこから来たのか不思議がっていた。さらに不思議は続き、紐で縛られ頑丈にフタが閉まったままでどこにも逃げ道もなければだれも触っていないのに、ツガネは翌日にはこつ然と姿を消していた。母はさらに驚き、一日中「一体あれはどこから来てどこに逃げたんだろう？」と繰り返しながら頭をかしげていた。そして、何度も「あれはお前が呼んだから来てくれたんだ」と感心しきりであった。この手の話は他にも枚挙にいとまがないが、神通力とでもいうべき意志の固さは「スーパーカー」の引き寄せにも効果を発揮してきた。しかし「スーパーカー」購入には、だれしもこれに似たような引き寄せの経験をしている人が少なくない。これは、お手軽に手に入る量産車と違い、数少ない「スーパーカー」は強い意志と強い本気の念がないと購入が実現しないということである。まさに念ずれば通ず、である。

勝手なこじつけだが、無手勝流として有名な新当流の祖、塚原卜伝（ぼくでん）の開悟は、古来武の神を祀ることで名高い鹿島神宮に千日の参籠を果たし、その満願の朝、夢の中で信託を受け、「一の太刀」の極意を得たとされている。私が大好きな一刀流を開眼した伊藤一刀斎も、諸国修行の果てに鎌倉鶴岡八幡宮に参籠したのち「夢想剣」の極意を得たとされる。こうした神託による極意、妙理を修得したという伝説は武芸にはつきものであるが、武芸に限らず何の世界でも千日と言わず90日唱え続ければ周りも本気だと認め、あるいは根負けして諦めて、だんだんとその方向に全ての磁力が向き始め、波を引き寄せると思う。私が天草の片田舎の農業高校で高一の夏に早稲田大学受験を決心し、それを宣言したときも、気でも狂ったかと思われ失笑されて誰からも本気にされなかった。そのうち現実を知って地元の熊本市内の大学か専門学校くらいに落ち着くだろうとタカをくくっていた両親も、「武士に生まれたからには田舎侍に斬られて死ぬより、名のある都の一流剣士に斬られて死にたい」などと訳の分からないうんちくを垂れて早稲田大学受験を正当化する私に根負けし、そのうち誰も笑わなくなった。本当はどこにも合格できなかった時のための言い訳と逃げ道だったのだが。しかも実家は酒屋を営む商売人なんですけどね。そしたら早大の英語の入試問題に、ボロボロになるまで何度も読みこんだ伝説の参考書である原千仙作『英文標準問題精購』（略して『原の英標』旺文社）でやった問題と全く同じ問題が出題されて、結果、英語は恐らくまぐれの満点で合格してしまった。しかし、私はこのまぐれも実力のうちだと思っている。同じ問題が出題されるという波を引き寄せたのは、3年間1日も欠かさず朝4時まで続けた受験勉強という、ほかならぬ自分の努力の結果だからである。運が味方するとは、こういうことだろう。「スーパーカー」との出会いも、この運の引き寄せに近い。私のこの考えは、本間宗久（1718-1803）が残した米相場の極意書『宗久翁秘録』に通じる。本間宗久とは江戸時代中期に存在した米相場の名人で殿様以上の扱われ方で、「本間様には及びもないが、せめてなりたや殿様に」とまで謳われた酒田本間家の初代、本間原光の五男、八人兄弟の末子である。「豊年に売りなし、凶作に買いなし」、「もうはまだなり、まだはもうなり」、「足らぬは余るなり、余るは足らぬなり」という宗久の考えは、シェイクスピア作『マクベス』の「綺麗は汚い、汚いは綺麗」、シェイクスピア翻訳の第一人者、福田恒存の「知る人は語らず、語る人は知らず」という名言と通底し、私の価値観の礎ともなっている。そして「スーパーカー」は、寄せては返す波のように、幾世代にもわたって引き継がれていく。岡倉天心の『茶の本（The Book of Tea)』（岩波文庫）の中には、「老子いわく「天地不仁」、弘法大師いわく「生まれ生まれ生まれ生まれて生の始めに暗く、死に死に死に死んで死の終わりに冥し」我々はいずれに向かっても「破壊」に面するのである。上に向かうも破壊、下に向かうも破壊、前にも破壊、後ろにも破壊。変化こそは唯一の永遠である。何ゆえに生のごとく死を喜び迎えないのであるか。この二者はただ互いに相対しているものであって、梵の昼と夜である。古きものの崩壊によって改造が可能となる」とある。言い換えれば輪廻転生であり、スクラップ・アンド・ビルドである。私の存在が消えてなくなっても、「スーパーカー」はいくつもの世代に引き渡されて、残っていく。私一人がオーナーでいられる期間なんて、たかが知れている。人生は死ぬまでの暇つぶし。

「スーパーカー」に対して畏敬の念を持っていれば、引き寄せられておのずと「スーパーカー」の方からやってくるだろうし、明鏡止水の心境で別れの時も後悔なく次の世代へ引き継がれて風と共に去っていく。ペットも「スーパーカー」も、本当に好きで惜しみない愛で無条件に可愛がってくれる者の所に行くべきであり、それが双方にとっての幸せである。こうした愛情と信心深さ、ご先祖様や神様への感謝の気持ちが「スーパーカー」との縁になっているかは分からないが、将来は「スーパーカー」で悟りを開いて「スーパーカー」教の教祖になるか、「スーパーカー」新党でも作って立候補し、国民救済のサルベージの旅にでも出ようか。

面倒くさがりで人間嫌いの私には、どっちも無理ですが。

7.2 パワースポット巡り

世の中の女子あるあるのご多分に漏れず、私の妻もパワースポットなるものが大好きである。それに感化されてか、最近は私も妻と一緒にパワースポットに行く機会が増えた。ペーパードライバーの妻は20年来車のハンドルを握ったことがないので、そんなとき運転手になるのは決まって私である。

しかしこのパワースポットというやつ、大体が山奥のさらに奥の、曲がりくねった山道を上った不便な場所にある。車酔いする妻なんか、行きたがるくせに道中のクネクネ道で気分が悪くなり、最後の方はたどり着くにも苦行の様相を呈する。だからこのパワースポットでは、私は決まって無事故で安全にたどり着けた感謝と、再び無事故で安全に帰りつけることをお祈りすることになる。なんだかなー。

また最近は食もパワーの源という考えから、SNSで映える店やおいしいと評判の飲食店も都合よくパワースポットと拡大解釈し、福岡県内での有名どころ、うまいと評判のラーメン屋や鰻屋、さらにインドカレー屋もほぼ制覇した。その中でも文字通りパワースポットの飲食店が、佐賀県唐津市にある魚山人。ここは有名人や著名人がお忍びでやってくる、知る人ぞ知るツウの店である。船でしか行けず予約の取れない秘境レストランとしてテレビなどで何度も紹介されて、最近では誰でも知る有名店になった気もするが。魚山人の店主の吉田 博さんは、

天草町大江のラピュタの木にて

上天草市姫戸町のドルメン岩にて（両写真とも○の中に筆者あり）

沖縄県国頭村の安須森御嶽にて

福岡県篠栗町の南蔵院にて

山口県長門市の元乃隅神社にて

福岡県久留米市の高良大社にて

妻と実家の母

裏の山に祭ってある伊予親王と藤原広嗣の墓の第37代墓守である。怨霊となった二人の墓がある高岩地域は聖域のためさすがに山には入れなかったが、山からはただならぬ霊気を感じた。それ以上に店主の吉田さんの気さくで飾らない暖かい人柄と優しく包み込む話術、数々の

船でしか行けない秘境レストラン魚山人と、店主の吉田 博さん

絶品料理は、十分にパワースポットであった。

私の故郷の天草で、味はもちろんその旨さからパワーをもらえる名店をいくつか紹介しよう。本当は自分だけのお忍びにして教えたくないけど、マスメディアなどで取り上げられてとっくに有名なので、私がここで紹介したところで大して変わりはないだろう。一度は食べないと人生後悔するほど絶品の焼肉の「ホルモンや」はテレビの取材はじめ芸能人がお忍びで訪れる名店で、仕入れ先の田中畜産の肉はもちろん、世界初の肉で出汁を取った肉うどんが極上絶品の旨さで、それ目当てに全国から客が絶えない。また一度食べると人生が変わる旨さと評判の「担担麺屋930（くみお）」もテレビの取材初め、こちらも全国から客が絶えない名店である。その確かな味と旨さでどちらもパワーを頂ける名店である。

ホルモンやの田中博司店長と

衝撃的な旨さの担担麺屋930（くみお）で松本圭太店長と

地鶏のたぐちの美人でおちゃめな田口女将と

大学4年時の教育実習の思い出が詰まったとんかつ大富士

鮮魚全般、特に個人的にはマグロが絶品のいけすやまもと

宇土の国道沿いにある金糀万十

天草は地鶏の天草大王が有名だが、その天草大王を使った親子丼と焼き鳥が絶品なのが「地鶏のたぐち」である。その料理の味は言わずもがな、それ以上に惹かれるのがおちゃめで美人の田口女将のキャラクターであり、この店の魅力の一つとなっている。そして天草といえば土地柄ゆえ鮮魚店が多いが、その中でも群を抜いて旨いのが「いけすやまもと」であろう。私はマグロが大好きで、ここでマグロを食べる前は正直天草でマグロの味には大して期待していなかったのだが、ここの中トロを食べた瞬間に頭を金槌で叩かれたような衝撃を受けた。「いけすやまもと」のマグロは掛け値なしで大間のクロマグロと遜色ないと思う。また「とんかつ大富士」はカツ丼はもちろんのこと、カツカレーも隠れた名物でくまモンの生みの親である放送作家の小山薫堂のソウルフードだそうな。私事であるが大学4年時に地元の母校で教育実習を

終えた最終日に、教員で打ち上げ会を開いて頂いた会場がこの大富士である。この時に人生で初めてカツ丼の旨さを知った。また天草帰省の度にいつも寄らせて頂いているのが、途中の宇土の国道沿いにある金桃万十である。道の駅を過ぎたあたりで忽然と姿を現す倉庫を改装した店舗をはじめ色々と不思議な店であるが、モチモチでとろける饅頭の自然な甘さは、ドライブの長旅の疲れを吹き飛ばしてくれ、掛け値なしの旨さである。帰省のたびに、体重増と一緒にパワーをもらって帰ってくる。パワーはいいとして、体重はどげんかせんといかん。

また普段の生活圏では、誰でも知る名店中の名店で私がわざわざここで紹介する必要もないかもしれないが、家族ともどもよくお世話になっているお店を紹介したい。誕生日やお祝い時にはここの絶品の鰻を食べるのが我が家の決まりになっている「うなぎの千年家」や、建物の中から車が眺められ、120年の歴史と風情を感じさせる佇まいの「うなぎ処柳栄館」、パンへの愛情が求道者的で研究者と相通じるものがあり、クロワッサンの研究書ともいえる本まで出版された相良一公オーナー・シェフの伝説のパン屋「シェ・サガラ」や、週に一度はお邪魔する「山下鮮魚店直営すし一番」、チーズナンが絶品の「インド料理ビスヌ」、ジャンボカツカレーが名物の佐賀の「ドライブイン一平」、牛、豚、鶏肉がいっぺんに入ったにく・にく・にくうどんや1切れの厚さが5cmはあろうかという巨大カツが乗ったカツ丼が名物で、近からず遠からずでスーパーカードライブコースにちょうどいい「うどん大吉」などなど。ただ、私の場合は味はもちろん店内から「スーパーカー」を眺められることがセットになってくるが、「スーパーカー」を眺めながら頂く絶品料理は目も舌も楽しませてくれる。もちろん写真は本書用に他のお客さんがいなくなった営業時間外に前もってアポを取って特別に許可を頂いて撮影したもので、普段伺うときは足車かスクーターで極力存在を消して、地味で目立たないようにしている（つもり）。

他にも紹介したい店は星の数ほどあるが、パワースポットと神仏の話に戻そう。宮本武蔵の

パン道を極めたシェフが作る究極の絶品パン屋、シェ・サガラ

風情と歴史を感じさせるうなぎ処柳栄館の山川オーナーと息子さん

毎週利用させてもらっているすし一番

ジャンボカツカレーが名物のドライブイン一平

家でのお祝い時には慣例になっているうなぎの千年家

うどん大吉で大吉ポーズを決めるおちゃめな力久繁文オーナー

妻ともどもお気に入りのインド料理ビスヌ

『五輪の書』には「我、神仏を尊び、神仏に頼らず」という心構えがあって、私もこの言葉を実践している。今日まで頼れるのは自分だけという気持ちで生きてきたので、ご先祖様は大事にするが、神仏に頼ることはしなかった。ただひとつの例外を除いて。それが大分県にある宇佐神宮である。妻のたっての要望で、日本で一番パワーがあることで知られる大分県宇佐市にある宇佐神宮に参拝した時、奥の藪にポツンと人知れず立つお地蔵様がおられた。そのお地蔵様の前に、記帳用のノートが置いてあった。その時ちょうどフェラーリ360スパイダーを手放して次の「スーパーカー」を探していたこともあり、「ランボルギーニが買えますように。松中完二」とメッセージを書いた。記帳用のノートには私の名前だけで、住所も何も書いておらず、宇佐神宮の境内のそれ以外の場所でも自分の住所を書いた所はない。後日、そのお地蔵

願掛け地蔵尊からのハガキ

様から私の自宅宛に届いたのが、前頁のハガキである。ほどなくして、私はランボルギーニ・ガヤルドを購入することになる。

神様っているのかもしれない。

7.3 果報は寝て待て

「スーパーカー」に乗っていると、近所のオッサンやガキンチョから「見せて～」とせがまれることも少なくない。「スーパーカー」の集まりに行っても同じである。ただ、残念なことに若いお姉さんは寄ってこない。ひどいのになると、自分の都合だけ一方的に連絡してきて、いついつ空いてるのでその日に乗せてもらえないかなどと図々しいにも程があるお願いをしてくる輩もいる。じゃ、私が自分の都合だけ伝えて、私はその日開いているからその日に君んちに晩飯食いに行かせてなどと頼んだら、どう思うだろうか？自分が逆の立場になって考えてみたらいい。

「スーパーカー」に乗るのもただではない。乗せてもらったら、最低でもガソリン代と高速走ったら高速代、その他お茶代位は出すのが大人のマナーで、必要最低限の経費である。私もそうやって「スーパーカー」オーナーに許しを得て「スーパーカー」の助手席に乗せてもらってきた。オーナーがその分のガソリン代始め諸々払っているのだし、万一不慣れな人間が乗って傷つけたりスイッチを壊しでもしようものなら、修理代も全部オーナー持ちとなる。ネット時代で便利になった半面、その弊害として少なからず見受けられるのがネット廃人なる人種である。面識はないのにネットでのマイミクだのフォロワーだのという表面的なただの薄っぺらいつながりだけで、自分の都合ばかり押し付けてきてやれいつの何時には空いていないかだの○月■日に乗せてもらえないかだの、図々しいにも程があるお願いを個人的にメッセージで送ってくるような、常識を欠いた人間が少なからずいることである。「スーパーカー」オーナーはその経済力に見合うだけの人間で、総じて社会的に大きな仕事を抱え、色んな締め切りに追われて文字通り殺人的なスケジュールをこなしている超多忙な人が多い。そういう人間に自分の都合を押し付けて乗せろというのは文字通り迷惑千万以外の何ものでもない。オーナーから声がかかるまで座して待て、である。声がかからなかったら諦めろ。

就職活動でも何でも、世の中はおおよそそういうものだ。貧乏根性丸出しで、ケチってタダで乗せてもらおうなどという魂胆は見え見えで、タダより高いものはない。

7.4 「スーパーカー」好きはミニカー好き

「スーパーカー」好きは、大抵ミニカー好きでもある。私もこれまで自分の乗った歴代モデルと同じミニカーを全部揃えている。サイズも全サイズ、1/72サイズ、1/64サイズ、1/43サイズ、1/24サイズ、1/18サイズ、1/12サイズ、果ては1/8サイズの超巨大モデルまで、ここに上げた50倍ほど、星の数ほど持っている。悪い癖だが、歴代乗ったモデル（そうじゃないのも）のミニカーは揃えちゃう。極めつけはデアゴスティーニの1/8サイズの超巨大ウルフカウンタックと、オーナー気分を疑似体験できる特性ネームプレート。これが実車並みに場所を取るすごい大迫力。ポケールの1/8サイズのフェラーリ・テスタロッサも持っていたけど、これは同僚のアメリカ人教員にあげた。

ではなぜ「スーパーカー」オーナーはミニカー好きなのか？もともと車好きが高じて「スーパーカー」好きになっているので、車に関する代表であるミニカーも好きになる素地があったというのは間違いないだろう。しかしどんなに好きでも「スーパーカー」をあの世まで持っては行けない。最近では墓石を車の形にするのもあるが、それも1台が関の山である。何種類もの車の形にした墓石を何基も建てるわけにもいかない。色んな「スーパーカー」を可能な限り沢山乗ってみたい、それが「スーパーカー」オーナーの本音だろう。私もそうだ。そこで登場するのがミニカーである。現車では叶えられない夢をミニカーで代弁していると言える。しかも「スーパーカー」はミニカーでも「スーパーカー」である。見ていて飽きることがない。

もう一つ、私の勝手な憶測で多分違うと思われる方が大多数かも知れないが、「スーパーカー」オーナーの潜在意識の奥底には、無意識のうちに盆の精霊馬代わりにミニカーがあるのではないかとみている。私なら精霊馬代りに「スーパーカー」のミニカーをお供えして欲しい。あの世から来るときはマクラーレンMP4-12Cをアクセル全開でぶっ飛ばしてやってきて、帰りはカウンタックで風情を楽しんで名残り惜しみながら、ゆっくりとあの世に帰っていきたい。

もちろん、どちらもドアは全開で上に開けたままで。

7.5 「スーパーカー」はリトマス紙

いつも思うのだが、「スーパーカー」ほど人間性がはっきりと表れるものはないのではなかろうか。「スーパーカー」を見て童心に戻って無邪気に喜ぶタイプ、必要以上に毛嫌いして白い目を向けるタイプ、全く無関心で何とも思わず、存在にも気付かないタイプ。

所有している全サイズのミニカーの一部と1/8サイズの超巨大ウルフカウンタック＆特性ネームプレート

しかし「スーパーカー」には共通する不思議な現象がある。

「スーパーカー」は、あおられない。

「スーパーカー」好きで、高速道路上とかでたまたま遭遇した「スーパーカー」を写真や動

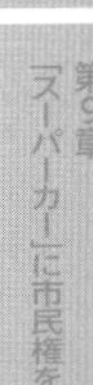

画に収めたくて適度に近づいてくる車はままいるが、ニュースなどでよく報道されるような悪質なあおりを受けることは、全くないと言っていい。私は普段はスクーター通勤であるため、「スーパーカー」とスクーターで周りの車の反応の違いがよく分かる。言っちゃ悪いが、あおってくるのは大体決まって軽自動車か●リウスである。鶏の世界ではトサカの大きい方が偉くて、自分よりトサカの小さいやつを突いていじめる。突つかれた方は、さらに自分より小さいトサカの鶏を見つけてそいつを突く。大きい方が威張って小さい方をいじめるのは、食物連鎖の動物界の本能で常なのかもしれない。だから自動車界で小さくなって片隅に置かれている軽自動車は、自分より小さくて弱いスクーターを見ると恰好の的で、ふだんやられている負い目から、スクーターを見るとここぞとばかり威張り散らしてくるのでは、と個人的には考えている。一方でプリウ●であるが、ネットでもプリウ●が事故や問題を起こすと「安定のプ●ウス」、「●リウスミサイル」などと大炎上して大喜利状態になる。社会問題となった池袋暴走事故はじめ、2023年11月9に全国ニュースで「“信号無視”の黒い車 女性2人はね…バスに接触？男を逮捕」、2023年11月14日「札幌・すすきの 女性2人ひき逃げ事件」と報じられているが、これもまた安定の黒いプリウ●である。個人的にもプリウ●にあおられたり滅茶苦茶で自己中心的な危険な割り込みといった運転を何度も経験した。ここまでひどいと、プ●ウ●の全オーナーに一度精神鑑定を義務付けるか、メーカー全社あげて社会的責任を議論すべきレベルだと思うのだが。じゃあ、プリウ●はなんで運転が荒いのが多いのだろう？おそらく前傾斜線のフロントノーズの形状はじめランボルギーニ車を彷彿とさせるシルエットから、運転手がランボルギーニ車と勘違いして、妙に気が大きくなっているのではないだろうか。ブルース・リーのカンフー映画を見た後で、映画館から出てきた人間が感化されて口をとがらせて「アチョー」というような昭和の原風景である。そう考えるとつじつまが合う気がするが、じゃあランボルギーニ車のオーナーは運転が荒いのか、と別の所からツッコミが入りそうで怖いけど。

妻の視線は冷たいが、チワワジの視線は熱い

でも人間なんて、そんなものだろう。私も空手着を着ると気持ちがシャキッとする。「スーパーカー」のハンドルを握っても同じ。「スーパーカー」のエンジンに火が入ると、私の心にも火が付いてスイッチが入る。だからといって別に荒い運転をするわけでも飛ばすわけでもないけど。「スーパーカー」で高速道路を走っても、一番左の走行車線を80キ

ロ走行が私の常なので。詳細は忘れたが、戦国時代に下っ端の歩兵が武将の恰好をしていたら斬られずに生き延び、下っ端の歩兵の恰好をした武将が一瞬で斬り殺されたといったような話を聞いた覚えがあるが、竹内一郎『人は見た目が9割』（新潮社）のとおり、人は見た目が大事である。背中にFerrariの文字が刺繍されたジャンパーを着て故郷のカーイベントにマクラーレンで参加したら、何も聞かれていないのに勝手にスーパーカー販売店の人という説明で地元のラジオ局の動画に紹介されていたし。「スーパーカー」は乗る人も見る人も、その人の人間性が出るリトマス紙である。ただしオーナーが自意識過剰に思っているほど、周りは「スーパーカー」に対してさほど特別な気持ちは抱いていない。「スーパーカー」でさっそうと街中を走り抜ける姿に酔って、周りの視線が注がれているといい気になっても、それがオーナー1人の自己満足でしかないことはままある。いきがって自己中心な運転をされたら、それこそ免許取りたてのお姉さんかアクセルペダルとブレーキペダルを踏み間違えそうな老害ドライバーなみに、周りはいい迷惑以外のなにものでもない。注がれる視線は、妻のようなアンチからの冷たい反感のものか、物好きのマニアからチワジのように熱いものかのどっちか両極端である。「スーパーカー」で賞賛を浴びようなどという浅はかな思惑は、“感動ポルノ”ならぬ“「スーパーカー」ポルノ”とでも呼ぶべき「スーパーカー」の押し付けであり、迷惑系ユーチューバーと同じく今のご時世「スーパーカー」を痛車にするのは時代錯誤もはなはだしい。ネット時代の負の遺産として、デジタル・タトゥーとなって永遠に恥をさらすことになる。

自戒の念も含めて、肝に銘じておかねばならない。

7.6 「スーパーカー」ツーリングは犬のお散歩

普通車ではありえないことだが、「スーパーカー」でのお出かけはその日の天候に左右される。当日暑かったり雨が降ったりすると、その日になって突然キャンセルなんてことも珍しくない。というか、それが常である。犬を飼っている人ならわかってもらえるだろうが、「スーパーカー」でのお出かけは、犬のお散歩と同じである。

「雨が降ってきたので、今日のミーティングはお休みします。」

「了解です。また今度。」

これが「スーパーカー」オーナー同志の大体のやり取りである。普通では失礼にあたりありえないが、「スーパーカー」オーナーではこれが当たり前なのである。しかし、出先で雨に降られたら諦めるしかない。遠出したときなんかは、ままありえることである。そういう時は「春雨よ、濡れて行こう」と小粋に構えるか、雨に濡れないようエイトマンなみに目にも止まらぬ速さで瞬間移動するしかない。

「スーパーカー」のツーリングは犬のお散歩と心得るべし。

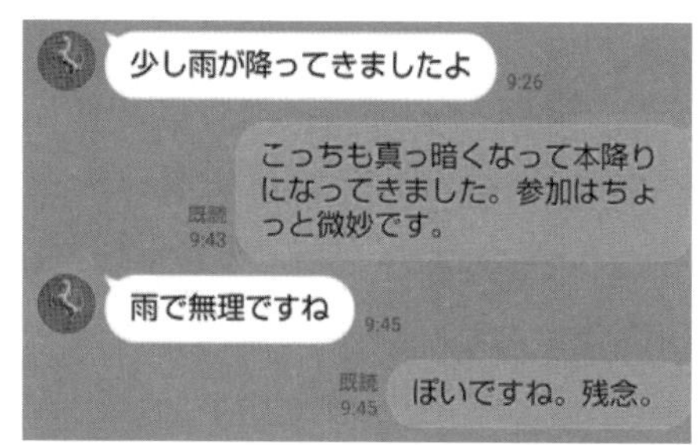

雨でお休みは当たり前

7.7 「スーパーカー」ツーリングは釣り

釣り人の朝は早い。秘境にある誰にも知られていない絶好の釣りスポットにたどり着くため、野を越え山を越え何時間も歩いて行くのであるから、必然の結果である。しかし釣りの楽しみと釣果を夢見て歩く獣道は、苦にならないだろう。

「スーパーカー」のミーティングも同じである。ミーティング会場の場所にもよるが、「スーパーカー」オーナーは年に数えるほどしかない「スーパーカー」に乗るせっかくのチャンスを活かして、この機会にそこそこの距離を走って「スーパーカー」の走りを思う存分楽しみたいのである。ミーティング会場も人里離れた風光明媚なリゾートホテルや広場、山の中あるいはサーキット場などが多い。そうすると必然的に出る時間が早くなる。「スーパーカー」オーナーには元々車の運転が好きな人間が多く、少しでも長く「スーパーカー」に乗っていたいので、運転が苦になることはない。毎週週末になると、「スーパーカー」で宮崎から長崎まで走

「スーパーカー」の朝は早い

夏場のドライブは夜が基本

る猛者もいる。その人、「車に乗っていないと体の調子が悪くなる」が口癖である。私もそれと似たタイプではある。しかし、朝が弱い私にはこれがつらい。朝の6時台というのはまだいい方で、早いと5時前に出たりすることもある。

「スーパーカー」のツーリングは釣りと心得るべし。

ミーティング会場が遠いということもあるが、パワーと熱量が大きくクラッチに負担がかかる「スーパーカー」にとっては、街中の下道であっても早朝の時間帯は涼しく道が空いていてストップ&ゴーを繰り返す必要性が低くて気持ちよく走れるから、というのもある。夏になると、夜中に「スーパーカー」を走らせるオーナーが多い理由も同じである。「スーパーカー」のドライブは、『鬼滅の刃』の鬼かドラキュラなみに太陽を避けた活動が多くなる。

しかしながら「スーパーカー」は地を這うように車高が低い。だから車内の人間の着座位置も必然的に低くなる。その視界は、さながらゴーカートかリヤカーの座席なみに地面が近い。そうなると、夜間走行時には対向車のヘッドライトがロービームであってもハイビームなみにこちらの視線に突き刺さり、ものすごくまぶしくて危険である。だから少しでも対向車のヘッドライトの光を遮るために、夜間でもサンバイザーを下ろして運転するという、傍から見たら奇妙で摩訶不思議に映る行動につながるのである。ただこの視点の低さのおかげで、昼間だとスカートで自転車に乗ってこっちに向かってくるOLさんやお嬢さんはこちらのことなど全く意に介せず御開帳になっているので、くれぐれもお気をつけあそばせ。

「スーパーカー」ミーティングに話を戻そう。ミーティングの会場がとんでもなく遠い場合、会場に近い「スーパーカー」オーナーの自宅に前日入りして、前泊となることも少なくない。しかしそこは志を同じくし、苦労を共にして分かち合える「スーパーカー」オーナー同士、前泊の日は皆で「スーパーカー」のツーリングビデオを鑑賞しながら「スーパーカー」談議に花を咲かせて、気付くと夜明け前だったりする。結局前泊の意味がないのも、病膏肓に入った「スーパーカー」オーナーあるあるである。

第8章

されど悲しきマクラーレン

70年代の第1次「スーパーカー」ブームを体験してきた人間にとって、「スーパーカー」と言えば、その代名詞がフェラーリ車とランボルギーニ車であることは、これまでにも折に触れて述べてきた。またこの意見に対して、異論をはさむ者もいなかったし、おそらく今後もいないだろう。しかしながら「スーパーカー」の定義が非常に難しく曖昧模糊としたものであることも、松中（2022）[1)] で述べたとおりである。その性能と希少性から見れば、ポルシェ・カレラGTや918は紛れもなく「スーパーカー」であるし、なんとなればブガッティ・シロンやヴェイロンも「スーパーカー」に違いない。ただそれらを一般の「スーパーカー」のカテゴリーに入れるとなると、やはりある種の抵抗が感じられ、「スーパーカー」とは一線を画すというのがわれわれの自然な感覚ではないだろうか。実際これらの車の性能自体は「スーパーカー」そのものであるが、その台数や何億という天文学的な車両本体価格から、「スーパーカー」とは異なるジャンルに位置付けられ、「ハイパーカー」と称されることが多い。では「スーパーカー」とは何なのか。それはF1の性能をフィードバックし、F1の性能に最も近い一般向けのスポーツカーとしてのロードゴーイングカー、それを人は「スーパーカー」と呼んでいる節がある。最終的に人間が操ることで究極の性能を引き出すという点で、F1マシンと「スーパーカー」は通底する。そう考えた時、フェラーリ社とランボルギーニ社こそが、この具現者であることは両社の歴史を通じて見てきたとおりである。そのフェラーリ社とランボルギーニ社のツートップが闊歩する「スーパーカー」界に、このツートップに並ぶとも劣らぬ破竹の勢いでその牙城を崩す第3極に位置するメーカーが彗星のごとく現れ、この10年あまり「スーパーカー」界をにぎわし続けている。

マクラーレン社である。

マクラーレンという会社と車の名前は、おそらく誰もが知っているところだろう。しかし「スーパーカー」の代名詞であるフェラーリ車やランボルギーニ車のビッグネームに比べると、今一つ実態がよく分からないという人が多いのではないだろうか。かくいう私もその1人であった。ただ、初の1億越え「スーパーカー」となったマクラーレンF1の存在とともに、80年代後半にホンダ社とF1レースで提携して、レース中に壁に激突し衝撃的な死を遂げたアイルトン・セナ（Ayrton Senna da Silva, 1960 – 1994）はじめニキ・ラウダ（Andreas Nikolaus “Niki” Lauda, 1949 – 2019）、ルイス・ハミルトン（Lewis Carl Davidson Hamilton, 1985 –）、アラン・プロスト（Alain Marie Pascal Prost, 1955 –）、ゲルハルト・ベルガー（Gerhard Berger, 1959 –）、ナイジェル・マンセル（Nigel Ernest James Mansell CBE 1953 –）、ミカ・ハッキネン（Mika Pauli Häkkinen, 1968 –）など、キラ星の如くさん然と光り輝くF1レーサーを擁することで、90年代のF1全盛期を知る人間にとっては看過できない存在であることは確かである。

8.1 マクラーレンの歴史

マクラーレン社はその出自と前身を、1963年にブルース・マクラーレン（Bruce Leslie McLaren, 1937 – 1970）が設立したイギリスのレーシング・チームである「マクラーレン・レーシング（McLaren Racing Limited）」に置き、1966年よりF1に参戦し続けた。F1レースで華々しい戦績と伝説を残したブルース・マクラーレンは、1937年ニュージーランド生まれで、1970年にテスト走行中の事故により32歳の若さでこの世を去った、早世の天才F1ドライバーであった。ブルースの死後も彼の死を悼んだチームは、マクラーレンの名を冠したままレース活動を続け、テディ・メイヤー（Edward Everett "Teddy" Mayer, 1935 – 2009）がチーム運営を引き継ぎ、1980年にロン・デニス（Sir Ron Dennis CBE, 1947-）が率いるプロジェクト4・レーシングチームと合併した。そして1980年にカーボンファイバー製モノコックで造られた世界初のF1マシンであるP4/1を発表する。現代でこそカーボンモノコックは「スーパーカー」造りの主流になりつつあるが、当時はその軽量さゆえに金属製よりも剛性が劣るとして猛烈な批判を浴びることとなった。しかしマクラーレン社は長期間にわたる衝撃テストにより、その性能の高さを実証し、結果、他のチームもマクラーレン社に追随することとなり、それは今日の「スーパーカー」造りにおいても同様である。そしてこのカーボンモノコックこそが、マクラーレン社の強みと売りとなり、同社の車造りの精神として今日まで引き継がれる社是となった。

その後、前述したようにマクラーレン社は1988年にF1でホンダ社と提携し、ドライバーにアラン・プロストやアイルトン・セナを起用したことで話題を集めた。セナがホンダ社の創設者である本田宗一郎（1906 – 1991）と会った際に、本田宗一郎から「お前のために最高のエンジンを作ってやるよ」と言われ、セナが「本田さんは日本での父」と公言して男泣きした場面が当時TVで大々的に放映され、一躍脚光を浴びたことを覚えている人も少なくないだろう。そしてシリーズ16戦中15勝という驚異的な記録を残し、シリーズチャンピオンを獲得したことで、マクラーレン社の名前は一気にスターダムへと駆け上がった。現在マクラーレン社のスーパースポーツを買い求める30代後半から40代中盤にかけての購入層の多くが、この当時のマクラーレン社の衝撃と洗礼を浴びた世代である。

世界3大自動車レースと称されるF1モナコGP、ル・マン24時間、インディ500のすべてを制覇した唯一のチームであるマクラーレン社は、1967年から71年までの5年間、カンナム

(Can-Am) と称されるカナディアン・アメリカン・チャレンジカップでもポルシェ917ターボが出現するまで無敗を誇って連続タイトルを獲得し、無敵の存在であった。自動車レースにおける数々の記録を塗り替え、金字塔を打ち立ててきた世界で唯一のレーシングカーコンストラクター、それがマクラーレン社である。そして、こうした輝かしい戦歴とそこでの栄光こそがマクラーレン社の核心であり、フェラーリ社に勝るとも劣らないレース界での知名度とブランド力は、間違いなく世界一である。そうしてカンナム時代に芽生えたブルース・マクラーレンの夢が、グループ4カテゴリーに出場するためのマシンのベースとなる、自身の名を冠したロードゴーイングカーを造ることであった。その夢を実現させるべく、実際に1台の試作車と3代の量産型プロトタイプが造られていた。この3台が完成すれば、間違いなく世界最速の車となるはずであった最中に起きたのが、1970年にテスト走行中の事故でマクラーレン自身がこの世を去ってしまうという悲劇であった。マクラーレンが亡くなった後も現在のネームバリューとブランド力、モータースポーツ界での実力である。もし彼が存命であったなら、フェラーリ社やランボルギーニ社に並ぶか、それを凌駕するような存在になっていたことであろう。

それから約20年後の1989年、マクラーレン社は高性能スポーツカーの製造、開発を目指したマクラーレン・カーズ社を設立する。そして92年に最初のモデルであるマクラーレンF1を発表する。この車は月産38台ほどで98年まで約300台が生産された。ここまでは普通の「スーパーカー」と何の変哲もない。しかしマクラーレンF1の衝撃は、その台数はもとより53万ポンド（当時のレートで約1億8000万円）という驚異的な販売価格（現在は約30億円）で、初の1億円越えの「スーパーカー」ならぬ「ハイパーカー」となったことである。またそれに加え、当時トップクラスの高性能で、最高速度391km/hを誇り、0-97km/h加速3.2秒、0-161km/h加速6.3秒という、当時の同クラスモデルで最高記録をたたき出して世界最速の性能を謳い、一躍時代の寵児となった。また、運転席が車両中央に位置する3人乗りレイアウト

マクラーレン F1（1992－1998）

メルセデス・ベンツSLRマクラーレン（2004－2009）

や斜め上に開くバタフライ・ドア（マクラーレン車はこれを独自に「ディヘドラル・ドア」と呼ぶ）、627馬力を発生させるBMW製V12エンジンなど、独特なパッケージングやハイパフォーマンスの運動性能に反して、ケンウッド製のオーディオや空調機器といった装備による室内空間の快適性をも実現している点が特徴である。当時の最先端技術のカーボンモノコックシャシーをふんだんに用い、高い運動性能と快適性を兼ね備えた3人乗りスーパーマシンは、当時の「スーパーカー」の世界に衝撃を与え、その後の「スーパーカー」の在り方を変えた歴史に残る名車となり、伝説の1台となった。これに追いつかんとしてフェラーリ社は1995年に同社の50周年記念特別モデルとなるフェラーリF50を発表し、ポルシェ社は2003年に価格的にも性能的にもマクラーレンF1に追従する形でポルシェ・カレラGTを発表し、そしてここから車両本体価格が1億円越えの「スーパーカー」ならぬ「ハイパーカー」百花繚乱の時代が幕を開けることとなった。その後2004年にマクラーレン社はメルセデス・ベンツ社と提携を結び、マクラーレン社とメルセデス社の合作となるSLRマクラーレンを生み出したことでも話題となった。

ここまでの経緯は車好き、とりわけ「スーパーカー」好きなら誰しも知っている史実であるが、エンジンが後ろに搭載されていることだけで驚く一般人には興味も関心もない一部の好事家の話題でしかなく、どうでもいいこととして片付けられてしまうものであろう。余談ながら政治も「スーパーカー」も一般国民に向けたものであり、一般国民に関心を持ってもらってなんぼであるはずだが、大衆の大半が無関心であることをいいことに、天上天下唯我独尊でその天文学的車輛価格はじめ、存在自体が国民不在で勝手に独り歩きを始める。無関心こそが最大の敵である。だからといって「スーパーカー」に関心を持ったところで、その車両本体価格が安くなるわけではないが。

そのマクラーレン社であるが、1992年に初の市販向けロードカーであるマクラーレンF1を発表してから2004年にSLRマクラーレンを発表し、2010年にマクラーレン・オートモーティブを立ち上げて一般へ門戸を開き、2012年にマクラーレン社製純正ロードカー2台目となるMP4-12Cを発表するまで、実に20年の歳月を要した。こうした経緯を経て、マクラーレン F1とSLRマクラーレンの血統を受け継ぎ、正常進化を果たして誕生したのがMP4-12Cである。それまではF1マシンやレーシングカー、ロードゴーイングカーを問わず、全て他社製エンジンを採用するコンストラクター（車体製造会社）という立場を貫いてきたマクラーレン社だったが、一転して初の自社開発エンジンを搭載し、全てがマクラーレン社の自社開発の純血スーパースポーツモデルとして産ぶ声をあげた「スーパーカー」、それがMP4-12Cである。その誕生からしてエポック・メーキングな存在となることは運命づけられていたと言っても過言ではない。ちなみにMP4-12Cというネーミングの由来は、MP4は1981年以来マクラーレンF1カーに連綿と用いられてきたシャシーの型式呼称で、MPはマクラーレン・プロジェクト（McLaren Project）の頭文字を取ったものである。4という数字はロン・デニスが率いるプロジェクト4・レーシングチームの名前の4に由来する。そのためMP4とは、ブルース・マクラーレンが興したマクラーレン・レーシングと、ロン・デニス率いるプロジェクト4が1980年に合併したことに由来し、デニスが引退するまでF1マシンの車名にもMP4が冠され続けていた経緯もあり、マクラーレン社を代表する由緒正しい名前である。また12という数字はV12エンジンなみの高性能エンジンを搭載し、パフォーマンスレベルを測るマクラーレン・オートモーティブの社内指標で、12という数値はその最高レベルを指す。またCはカーボンファイバー（Carbon fiber）を使用していることを表している。MP4-12Cに搭載されているのはV8エンジンなので、本来ならばフェラーリ車のようにモデル名の数字がそれに搭載されたエンジンの気筒数や排気量を表すのが定番だが、そうではなく12気筒なみのという一種の理想ともいえる数字をモデル名にしているあたりも、マクラーレン車の他にはない特異性を表している。いずれにしても、MP4-12Cというモデル名にマクラーレン社の理念の全てが詰まっている。

2017年シーズン終了時点で、マクラーレン社はフェラーリ社に次ぐ歴代2位、コンストラクターズタイトル獲得回数ではフェラーリ社とウィリアムズ社に次ぐ歴代3位の記録を持ち、F1を代表する名門チームの一角に数えられている。こうした経緯と歴史からも、マクラーレン社はF1界ではその名を知らない者はいないくらいの知名度と戦歴を誇り、天下に冠たるその名前は揺らぎなきF1の名門ブランドであり、メーカーである。F1界で実績と名声を築き上げたマクラーレン社が2010年に一般へ門戸を開き、立ち上げたのがイギリスのサリー州ウォーキングに拠点を置く市販車部門の製造メーカーであるマクラーレン・オートモーティブ（McLaren Automotive）である。マクラーレンの車は、ノーマン・フォスター（Norman Foster, 1935－）がデザインしたマクラーレン・テクノロジーセンター（MTC）で開発され、隣接するマクラーレン・プロダクションセンター（MPC）で独自の哲学と技術に基づいて独自の文化をはぐくみ、同社を訪れたあらゆるモータージャーナリストが口を揃えて言う「病院のようにチリ一つ落ちていない」清潔で綺麗な工場で製造される。MTCとMPCはここにともに本拠を構え、F1マシンとロードゴーイングカーの「スーパーカー」の両方を、同じ一つ屋根の下で製造している。ちなみに、MP4-12C以前にマクラーレン社が制作した一般向けロードカーは、1992年に発表したマクラーレンF1のみである。マクラーレンMP4-12Cは、マクラーレン・カーズ社時代に生産したマクラーレンF1、メルセデス・ベンツと共同で開発した

マクラーレン・テクノロジーセンター（MTC）（左の円形）とマクラーレン・プロダクションセンター（MPC）（右の四角形）の外観と工場内部

メルセデス・ベンツSLRマクラーレンに続く、3作目の市販スーパースポーツカーとなるが、マクラーレンF1はBMW製のエンジンとその天文学的金額とともにロードカーと呼べるほど一般的ではなく、SLRマクラーレンは主体がメルセデス社の車であったことを考えると、エンジンから全てにわたって自社生産を始めたMP4-12Cこそが、マクラーレン社が一般を対象とし、市販向けロードカーに本格参入した第1作と言える。

MP4-12Cの注目技術が、マクラーレン社の売りと強みである「カーボンモノセル」と称されるキャビンを取り囲むカーボンファイバーによる単体のユニットである。これは市販車としては世界初のF1マシンと同じ考え方のワンピース構造のカーボンファイバーセルで、その単体重量はわずか75kgに抑えられる。カーボンモノセルのキャビンとアルミフレームを組み合わせた車重は1,336kgと驚くほど軽量で金属のような疲労も起きにくく、操安性と乗り心地、安全性も確保した。そしてそのエンジンが生み出すパワーは600ps（生産から1年後には625psにパワーアップされた）にも上り、パワーウエイトレシオは2.17kg／psを誇る、マクラーレン社の究極にして理想のスーパースポーツの一種の完成形である。ミッションはフェラーリ458イタリアにも採用されているイタリアのグラチアーノ社製の7速ツインクラッチ（DCT）を採用している。それ以外にはシャシー、ボディー、ビスの1本に至るまで純マクラーレン社製でこだわり抜いた、生粋のマクラーレン社製量産型「スーパーカー」第1号である。625psのパワーを受け止める芯となるのは、先述したドライカーボンとアルミ押出材の複合構造からなる「カーボンファイバーモノセル」で、この構造が図らずもレクサスLFAやランボルギーニ・アヴェンタドールも類似した形式を用いてきたことからみても、スポーツカーにもたらす効能が非常に高いことがうかがえる。MP4-12Cは、以前のマクラーレンF1とメルセデス・ベンツSLRマクラーレンの2モデルとは違って、他の自動車メーカーの手を借りることなく、パワートレインをはじめ全てを専用設計とした。F1で勝利を目指すときのように一切の妥協を排し、開発スタートの段階から「スーパーカー」界でもナンバー1の座を目指すマクラーレン

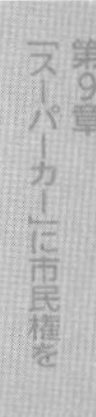

社の精神が貫き通された革新的モデルである。

モデルの開発当初、マクラーレン社内では軽量、クラス最高出力の大パワー、低回転での粘り強さ、余裕のパワーを持った中回転域、最高回転域で炸裂する巨大なトップパワーの獲得という条件を全て満たすエンジンの開発が求められた。これは「スーパーカー」のエンジンの究極の理想である。この理想を満たすエンジンはこの世のどこにも存在しなかった。ならば自分たちで造るしか道はない。これがマクラーレン社の結論であり、その結論を形にしたのが実質マクラーレン社の市販「スーパーカー」第1号となるMP4-12Cであった。それに搭載されるエンジンはバンク角90度V8の3,800ccで、それはレース用エンジンで有名なイギリスのリカルド社が生産したM838Tと名付けられた完全オリジナル設計のエンジンである。そしてそれにツインターボが組み合わされる。

MP4-12Cのエンジンについてはメーカー側が長らく公表を控えていたこともあり、一部でMP4-12Cのエンジンは80年代に日産が開発した量産高級車専用V8エンジンであるH41が用いられているとまことしやかに語られていたが、ディーラーを通じてメーカーに確認を取ったところでも、それは大きな間違いである。以前日産車がル・マンやデイトナ24時間レースに出場した際にリカルド社製のエンジンを使っていたことから話に尾ヒレが付き、伝言ゲームのように歪曲して伝わったために、このような話になったものと思われる。ただ当初はメルセデス製などの他社の既存エンジンを使う計画もあり、実際にF1ではBMW社製のエンジンを搭載したことなどからも、こうした都市伝説めいた話が出てきたのであろう。

そしてその機構は後輪駆動の二駆でV8エンジンにツインターボで出力を上げるというフェラーリF40と同じ機構で、F40が478馬力であったのに対してMP4-12Cは625馬力というはるかに大きいパワーを誇りながらも、600Nm/1,450kgという驚異的な数値を後輪の二駆で成立させて、馬力と信頼性と安定性はMP4-12Cの方がはるかに上である。MP4-12Cは、2010年以降の新たな「スーパーカー」のあり方を方向付け、それまでの「スーパーカー」の概念を刷新するまったく新しい「スーパーカー」である。その意図するところは明確である。F1の名門レーシングチームであるマクラーレン社がゼロから造った第1号「スーパーカー」であるMP4-12Cを皮切りに、世界唯一の独立系量産「スーパーカー」メーカーとしてこれまでの「スーパーカー」界に殴り込みをかけ、宣戦布告しているのだ。そして、マクラーレン社ほどその地位にふさわしいメーカーは世界中他のどこにも見当たらない。この点については、本章の最後で再び論じる。

ちなみにマクラーレン車のオーナーであれば毎回無意識に接しているセンターコンソールにあるコントロールスイッチの形状は、このMTCの建物を上から見た形状を模している。またその会社に貫かれるCIも、床のタイル一枚に至るまで徹底している。たとえば、ディーラーのショールームに敷かれたフロアタイルは60cm四方と定められており、フロアの広さがタイルのサイズに合わせてタイルをカットしないよう60cm刻みで設計されている。そしてそれが入り口の自動ドア正面にタイルの真ん中が合うように組み合わされ、ショールームのステージのセンターに設計されているなど、素人目には判断がつかないような徹底した完璧主義のデザインとなっている。そのマクラーレン社であるが、「スーパーカー」としての原点は70年代にさかのぼる。ランボルギーニ社の創設者であるフェルッチオ・ランボルギーニが自身の興したスーパーカー専業メーカーの経営から退き、スイス人投資家ジョルジュ・アンリ・ロセッティ（Georges-Henri Rossetti, 生没年不明）が率いていたのが1970年代後半のランボルギーニ社である。そのロセッティは大のマクラーレンファンで、スピードを会社の強力な武器にしたいという願望だけで会社をどうするべきかというビジョンを持っていなかったため、ランボルギーニ社は倒産の憂き目に会い、その結果パオロ・スタンツァーニ（Paolo Stanzani, 1936－2017）がランボルギーニ社を去ることになる。余談的な逸話ではあるが、速さに対してあくなき挑戦を続けてきたマクラーレンというメーカーの性質が滲み出ている話ではある。繰り返しになるが、そのマクラーレン社の一般車製造部門であるマクラーレン・オートモーティブで最初に生み出された「スーパーカー」が、MP4-12Cである。

MP4-12Cのコントロールスイッチ

徹頭徹尾にわたって完璧主義を貫くマクラーレン社が市販向けに世に送り出した最初の「スーパーカー」であるMP4-12Cは、その血統と誕生からして、“約束された”「スーパーカー」であった。これほどまでにマクラーレン社の魂とテクノロジーが注入され、その哲学が色濃く反映されたMP4-12Cを市場に投入してきたマクラーレン社の目指す所は明快である。フェラーリ車にもランボルギーニ車にもポルシェ車にもない、唯我独尊の新たな「スーパーカー」の創出と、「スーパーカー」界における第3極としての己の立ち位置の確立である。マクラーレン車が最終的に目指すもの、それはフェラーリ車やランボルギーニ車に代わる、新たな「スーパーカー」のトップブランドの確立に他ならない。

これまで四半世紀にわたってフェラーリ車やランボルギーニ車をこよなく愛し、乗り継いできた私であるが、齢60の声が聞こえ始めて終の「スーパーカー」を考えた時、突如としてマクラーレン車の思想と哲学、そして車造りに無性に興味を引かれるようになった。これも何かの巡りあわせかもしれない。まえがきにも書いたように、正直、これまでのようなハードな「スーパーカー」は心身ともに限界を感じるようになっていた。「老兵は消え去るのみ」とはマッカーサー元帥の言葉であるが、それはかつて一度頂点を極め、光り輝いた者のみが知りえる万感の思いがこもった言葉かもしれない。頂点の輝きが光を放てば放つほど、これを退いた時に受けるダメージは大きいということであろう。

山高ければ谷深し。

しかし「スーパーカー」は諦められない。毎日乗っても疲れない、壊れない、維持費もかからない上に、維持のしやすい3ℓ位のエンジンで12気筒「スーパーカー」とタメを張れる大パワーを誇り、シルエットも流麗でカッコよく、ドアが上に開いたりする「スーパーカー」のギミックがてんこ盛りな都合のいい車を探していた。そんな都合のいい「スーパーカー」なんてこの世にあるはずがない。

あった‼

それがマクラーレンMP4-12Cだった。その頃周りのランボルギーニ乗りがこぞってマクラーレン車に乗り換えたという偶然も重なり、また高嶋ちさ子や平成ノブシコブシの吉村など芸能人が判で押したようにマクラーレン車を購入し、その様子がテレビで放映されたのを見ていたことや、新庄剛志がマクラーレン車でやって来て颯爽と去るというマイナポイントのTVCMを見て無意識に感化され、個人的興味をそそられたのが強い契機になったことは否定できない。しかし私が興味を持ったのは、マクラーレン車の中でもとりわけ稀少でマニア臭が強いMP4-12Cという絶版モデル。元々製造＆販売終了したモデルを好きになるという個人的嗜好はあったものの、MP4-12C以外のマクラーレン車には全く食指を動かされないし、正直、大してかっこいいとも欲しいとも思わない。最新モデルのランボルギーニ・レヴェルトなど、名前は限定モデルのレヴェントンからのパクリだし、スタイリング的にもシアンFKP37の流用でカウンタックLPI 800-4と同様、目を見張るべき点は何一つない。カウンタックLPI 800-4なんて吉田戦車の漫画『伝染るんです』の山崎先生にしか見えないし。

だが、MP4-12Cだけは別格で全身が雷に打たれたようにビビビッときた。

なぜか。理由は簡単。私の世代の憧れる「スーパーカー」に必須の「すげぇ」と「カッコイイ」と「美しい」の「スーパーカー」の3大要素が全部詰まっていて、昭和の「スーパーカー」ブーム世代に“刺さる”要素が満載だったから。

8.2 フェラーリ臭漂うマクラーレンMP4-12C

しかしこのMP4-12C、全てにおいて同時代のクラス最高峰に位置するフェラーリ458イタリアを直接のライバルとしている。このことは、明確にフェラーリ458イタリアをベンチマークとして常に意識し、ライバル視しているというマクラーレン社のマネージングディレクターであるアントニー・シェリフ（Antony Sheriff, 1963－）の発言[2]からも明らかである。そのMP4-12Cのボディーサイズであるが、マネージングディレクターのアントニー・シェリフによれば、全てにおいてライバル視されるフェラーリ458イタリアに比べて25mm狭くなっている。それ以外は驚くほどフェラーリ458イタリアに近い。これは、全幅を制限すれば「スーパーカー」の公道上での取り回しが格段に向上するというシェリフの信念[3]に基づいている。公式データによると、フェラーリ458イタリアとMP4-12Cの主要スペックは以下のとおりである。

	フェラーリ458イタリア	マクラーレンMP4-12C
エンジン	V型8気筒DOHC	V型8気筒ツインターボ
排気量	4,497cc	3,800cc
最高出力	578PS（425kW）/9,000rpm	600PS（447kW）/7,000rpm
最大トルク	540N·m（55.1kgf·m）/6,000rpm	600N·m（61.2kgf·m）/7,000rpm
変速機	7速デュアルクラッチ	7速デュアルクラッチ
ホイールベース	2,650mm	2,670mm
全長	4,527mm	4,509mm
全幅	1,937mm	1,908mm
全高	1,213mm	1,199mm
車両重量	1,380kg	1,336kg
最高速度	325km/h以上	330km/h以上
0-100km/h加速	3.4秒	3.1秒
燃料消費率	7.3km/l	8.6km/l
Co_2排出量	275g/km	279g/km

MP4-12Cのボディーサイズはフェラーリ458イタリアよりも一回り小さく、18mm短く、29mm狭く、100kg以上も軽い。この2台の主要スペックを差し引きした差異は、最高出力22ps、最大トルク6.2kgm、0―100キロ加速で0.3秒、最高速度で5km/hというわずかなもの

でしかなく、ただ二点の違いを除いてはほとんど同じである。その違いの一点目が、MP4-12Cはボディーサイドを絞って横幅を狭めたことである。二点目が、後述する軽量化への徹底したこだわりである。そしてマクラーレンMP4-12Cは、パワーで5.2%、トルクで11.1%という数値でライバル視するフェラーリ458イタリアを上回る。ツインターボを搭載する3,800ccのV8エンジンは、低回転からターボチャージャーが効くためフラットで自然吸気のような滑らかさで、ターボ車とは思えないほどその走り出しからトルク感に溢れている。そのトルク感と加速感は、700psを誇るランボルギーニ・アヴェンタドールに匹敵する。しかもアヴェンタドールはV12エンジンで排気量は6,498ccであるのを鑑みると、MP4-12CのV8エンジンで排気量は3,800cc、それで625psというのは驚異的な数字である。車格的に比較すれば、MRで2駆という同一構造のフェラーリ458、488、あるいはランボルギーニ・ガヤルドLP550-2ということになるが、そのパワーは車格よりも上のモデルのV12クラスと肩を並べる。

そしてMP4-12Cのフォルムは、フェラーリF40を彷彿とさせるサイドスカートは言わずもがな、細部にはフェラーリらしいラインがふんだんに盛り込まれている。それもそのはず、MP4-12Cのデザイナーはフェラーリ F430やマセラティ MC12などをデザインしたフランク・ステファンソン（Frank Stephenson,1959－）なのだから、自然と似てくるのは当然だろう。ステファンソンはBMWで初代ミニとX5のデザインを手がけ、ピニンファリーナで612をデザインしたあと、フィアットでプントとチンクエチェントをデザインしており、そのどれも個人的には好きだから、きっと私はフランクのデザインが好きなのだろう。逆にガヤルドとムルシェラゴをデザインしたルク・ドンカーヴォルケのデザインは、生理的に受け付けずにちっとも好きになれないけど。実際フェラーリ F430はおろか、そのデザインの源流となったフェラーリ360モデナと並べて見ても、フロントフェンダーの膨らんだ曲線やAピラー周りとフロントウィンドーからルーフにかけての一連のラインの流れ、全体のシルエットからそこはかとなく漂う雰囲気は瓜二つである。カッと見開いたヘッドライトの“目”や笑ったような大きく口角の上がったフロントエアインテークの“口”など、表情のテイストはフェラーリ360モデナによく似ている。ちなみに360モデナは、全長×全幅×全高×ホイールベースがそれぞれ4,477mm×1,922mm×1,212mm×2,600mm、対するMP4-12Cは4,509mm×1,908mm×1,199mm×2,670mmなので、ホイールベースを除けば両車ともほとんど同サイズである。しかしこの360モデナ自体が福野礼一郎（2013:66）[4)] も指摘するように、1992年に登場したマクラーレンF1のパッケージ、スタイリング、アンダーフロア設計とトレッドの関係に至るまで似通っているのである。その意味でも、MP4-12Cのデザインはマクラーレン F1をシルエットの根幹に置きながら、マクラーレンF1とフェラーリ360モデナ、フェラーリ F430と同一系統上にあると言っていい。フェラーリF430と同一デザイナーによるこのMP4-12Cは、下手したら現在のフェラーリ車よりも往年のフェラーリ車らしいテイストに溢れている。サイドのエアインテークはテスタロッサ系を彷彿とさせ、フロントフェンダーからの横への出っ張りとそこからのサイドドアの絞れ具合、さらにそれを経たリヤフェンダーにかけての膨らみと曲線はフェラーリF40そのものだし、その流れからのリヤの造形、5本のバーの形状をしたテールランプ周りもフェラーリ・テスタロッサ系を意識しているとしか思えない。この1台にフォードGT40、ランボルギーニ・ミウラ、フェラーリF40、フェラーリ・テスタロッサのデザインエッセンスが共存しているのである。しかもランボルギーニ車のお家芸やエンツォ以降のフェラーリ社のスペチアーレ・モデルを彷彿とさせる上に跳ね上げるディヘドラル・ドアである。ウルトラ兄弟大集合か仮面ライダー全集合なみに、これ以上ない豪華さと"スーパー"なカーの演出に満ちている。ゆえにMP4-12Cの美しさは基本シルエットにある。そのシルエットは、ミウラとフォードGT40のそれである。またフロントフェンダーからフロントバンパーにかけてのプレスラインと丸く膨らんだヘッドライトの出っ張りはミウラのそれであり、サイドシルからサイドスカートにかけてのアンダーパネルとウエストラインからリヤにかけて横に膨らんだ曲線はフェラーリF40、テスタロッサのそれである。さらにウエストラインからリヤエンドにかけてのリヤフェンダーの出っ張りとそこから曲線を描いて中央に凹んだリヤグリル周りとリヤウィングの造形は、スペチアーレのエンツォ・フェラーリやラ・フェラーリのそれを彷彿させる。ヘッドライト自体は初期型日産リーフ（ZEO型）に似ていなくもないが。

Rの効いた弓なりに弧を描くフロントマスクとフロントバンパー上部のプレスラインは、マクラーレン・セナを除く全てのマクラーレン車に共通のキャラクターラインでデザインのアイコンとなっており、そのイメージは720Sが特にそれを前面に押し出している通り、ホホジロザメのそれである。マクラーレン車のデザイン全体に通じる曲線は魚のそれであり、魚のボディーラインこそが抵抗が最も少なく、効率的な移動を可能にする流体だからという思想と、マクラーレン車はボディーの流れ全体でそれに近づこうとしていると思われる。また光の当た

ランボルギーニ・ミウラを彷彿とさせるフロントフェンダーからバンパー上部にかけてのプレスラインと、丸く浮き出たヘッドライト

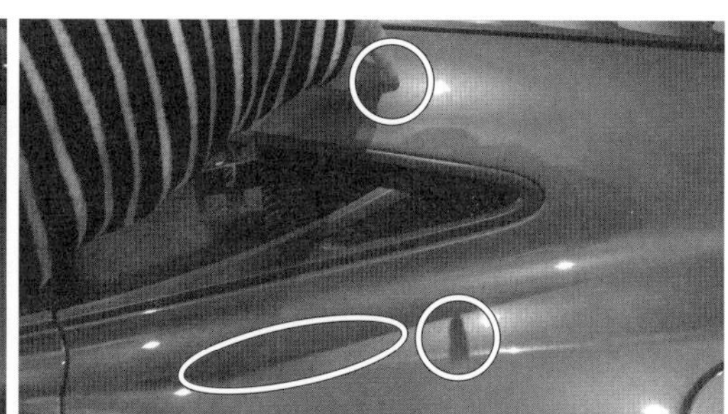
影が幾重ものプレスラインのような幻影を生み出す

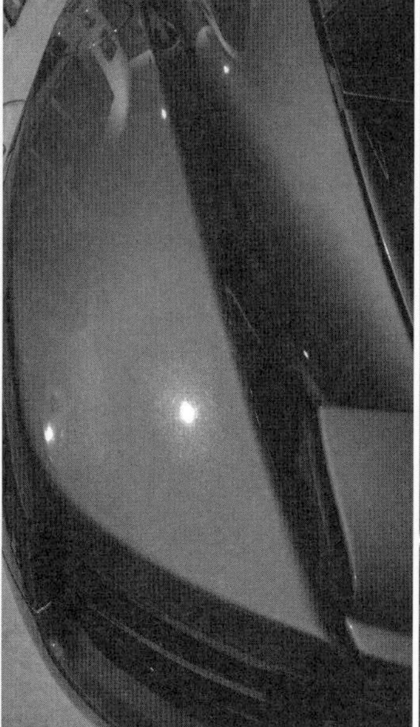
影が幾重ものプレスラインのような幻影を生み出すウエストライン

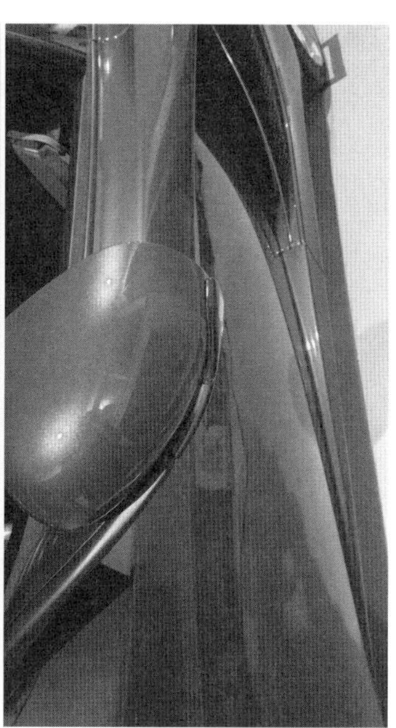
フェラーリF40を彷彿とさせるサイドスカート

り具合で、プレスラインが幾重にも現れ、目の錯覚による凹凸のくぼみと出っ張りが逆に見えたりと、グラデーションになった影の濃淡が実に巧妙に山と谷を描き出し、様々なラインと表情を見せるのである。その最たる部分がサイドからウエストに延びる、Cピラー周辺のデザイン処理である。実際に肉眼で見ても、ヴォルケーノ・レッドという独特なメタリックのワインレッドの色合いにも助けられて、このラインがくぼんだボディーに鋭角なエッジでせり上がるプレスラインに見えるのである。しかし実際にはそのようなプレスラインは存在せず、タネ明かしをすればこのラインはルーフトップの影である。その証拠に、次頁の写真ではルーフトップにある私の指がきちんと影になっているのがお分かりであろう。

同様に、リヤエンドに続くウエストラインにも目の錯覚のマジックが満載である。フェラーリ車の様な後輪のホイールアーチ上に膨らんだ曲線のヒップラインを描くことは、見た目こそアピールするが、その分ボディーの材質を必要とし、不要な重量増を招くことにもつながる。マクラーレン車は、空力と合わせてそういう点まで計算し尽くされて造られている。フェラーリ社は、「スーパーカー」のオーナーや購買客が「スーパーカー」に何を求め、どのような機能を欲しているかを熟知し、それに応える「スーパーカー」を造る。しかしマクラーレン社は「スーパーカー」のそうした余剰な“演出”こそ無駄なものとして切り捨て、ストイックなまでに走りに徹した空気効率と機能の向上を追い求める。

65年のル・マン24時間耐久レースの実話を基にした、『フォードvsフェラーリ』という映画がある。そこでは、フェラーリ陣営のコックピットにわざと大きいネジを落としていくフォード陣営のクルーに見られるアメリカ人気質、そのネジを見つけて自車から外れ落ちたものだと思い込み、パニックになって慌てふためくフェラーリ陣営のピットクルーたちと、いかにもなアメリカ人のいたずら心とイタ車あるあるが、面白おかしく描かれている。さらに、フェラーリ車やフォード車のような猛々しいまでの激しさはマクラーレン車にはない。宿敵フェラーリ車をエンジン全開の極限状態で破り、1、2、3位の3台同時入賞を演出しようと粋な計らいをするフォード陣営だが、スタート地点の関係から実に冷静にしれっと優勝をかっさらうのはマクラーレン・チームである。ロン・デニスの「われわれはレーシングチームだ。勝つことが全てに優先される」[5] という言葉通り、こんなところにもマクラーレン社らしさが満載である。

しかし渡辺敏史（2014）[6] は、「12Cは、マクラーレンがそのF1以来となる、開発〜生産〜販売までを担うスーパーカーだ。が、その時と大きく違うのは、このクルマが量産を前提としてスーパーカービジネスのど真ん中に乗り込んでいることだろう。そのために彼らはレース部門とは別の独立した会社を興し、生産設備に多大な投資もしている。（中略）好事家だけを相

フロントフェンダーとリヤフェンダーの膨らみに反したサイドドアの絞れと曲線

手にしていた以前とは、腹の括り方が比べられない。そうして作られる12Cは、もちろん数的な面からしてF1のような伝説にはなり得ない。が、F1との血脈をまったく感じないかといえばそれも違うだろう。むしろ素材・製造技術の進化や量産効果により、F1が達成していたことをプロダクションラインまで落とし込んできたという見方も出来るかもしれない。あるいはそのデザインやレイアウトに、一目置くべき関連性を伺うこともできる」と指摘し、そのF1レースでのマクラーレン社の思想とマシンの完璧主義が最大限にまで活かされている点を見抜く。

デザイナーのステファンソン（2011:53）[7]は、「われわれはこのクルマのルックスを、ちょうど軍用機のように効率的で目的の明確なものにしたかったのです。もしそのように受け取ってもらえるならば、このクルマのスタイルにはモデル寿命が続く限り変える理由はありません。われわれは正直で優れたデザインの方向性に従うだけです。今日には実現せず、明日には忘れ去られるようなルックスではありません」と声高に主張する。この結果、機能を極限まで追求したMP4-12Cは、機能美とも言うべき圧倒的な美しさを身にまとっている。でも個人的には、フェラーリ・デイトナSP3のフロント4本、リヤ8本ものサイドフィンとタイヤの弧をなぞるように盛り上がったリヤフェンダーのヒップラインなど、妖艶で狂気じみたなまめかしさと他を圧倒するフェラーリ車らしさ満開で個人的には好きだけどね。

自慢じゃないが、という枕詞で始まる話は決まって自慢話だが、私のMP4-12Cを見た人間からは「カッコイイなんて陳腐な言葉じゃ言い表せないくらいカッコいい!」と称賛されたり、ため息まじりで「綺麗なんて言葉じゃ足りないくらい綺麗!」と感嘆されることがよくある。決して盛ってない実話の自慢話だよ。それはMP4-12Cの元からのシルエットの秀逸さに輪をかけて、私のMP4-12Cはそのシルエットを最高に際立たせるよう、異様なまでの輝きを放っているからである。私の隠れた趣味に、愛車を輝かせるための磨きの研究がある。これまでカウンタックはじめ、フェラーリや足車のベンツを実験台に専門業者のポリマーやらガラスコーティングやら最高級ワックスやら、ありとあらゆる技術を導入して日夜研究と試行錯誤を重ねた魂の磨きで実現した鏡のような輝きは、MP4-12Cで納得の域に達した。その企業秘密の輝きの技こそが、私のMP4-12Cにさらなるオーラを与えていると言っても過言ではない。

さらに面白いことに、マクラーレンMP4-12CはスズキRF400というバイクとも造形がどことなく似ている。というのも、スズキRF400というバイクは俗称“フェラーリバイク”と呼ばれ、開発陣も発売当時の開発コンセプトをフェラーリっぽさ満開のバイクと正面切って謳っていたほどだからであり、フェラーリっぽいデザインのMP4-12Cが似ているのも当然であろう。スズキRF400はフェラーリ・テスタロッサを彷彿とさせるサイドフィンとウエストラインのなまめかしい曲線、F50を思わせる斜め上に走る黒ライン、フェラーリ車全般に通じるウエストからヒップにかけての妖艶に膨らんだリヤフェンダーなどなど、実に昭和の「スーパー

愛車をピカピカにするのもオーナーならではの楽しみのひとつ

筆者のかつての愛馬、スズキRF400RV

愛馬と愛牛

嘘つきフェラーリと私の嘘つきアヴェンタドール風ガヤルド

嘘つきフェラーリと私の嘘つきフェラーリ＆ランボルギーニ

カー」少年の琴線に触れる、往年のフェラーリ車のシルエットが満載なのである。

そのマクラーレンMP4-12Cであるが、立ち居姿を見ては「フェラーリだ!」、ドアを上げれば「ランボルギーニだ‼」と呼ばれ、メーカー名を聞かれて「マクラーレンです」と答えると、「あ、そう…」で話が終わる。要は初めて聞いた名前で何を話していいか分からないのだ。2023年7月に、「「嘘つきフェラーリじゃん！」小学生がつけた真っ赤なスポーツカーのあだ名にほっこり」というタイトルで、C8コルベットが小学生から嘘つきフェラーリとあだ名をつけられた話がネットに上がっていたが、マクラーレン車も同じである。要はフェラーリに比べ、一般人にとっての知名度が格段に落ちるのだ。一般人の認識としては、車高が低くて赤いスポーツカーは全部フェラーリ車、ドアが上に開けば全部ランボルギーニ車である。そうするとマクラーレン車なんかは嘘つきフェラーリ＆嘘つきランボルギーニである。特にMP4-12Cの全体的なシルエットと雰囲気はフェラーリ車そのものである。でもそのコルベットのフロントボンネット上のプレスラインなんかは、ディーラーの営業担当者も認める通りアヴェンタドールに酷似しているけどね。

また「スーパーカー」イコール高額というイメージから、勝手に金持ち扱いされる。私なんか隣の家の子供に指さされて「あー、お金持ちだ‼」と叫ばれたこともある。そこのおじいちゃんは医者でだだっ広い土地に何台も車置いてて、私のような庶民の平民なんかより遥かに本物のお金持ちなのに…。そう、マクラーレン車は車としての技術力は言わずもがな、商品力も高級車オーラもものすごく強い。それはフェラーリ車やランボルギーニ車に遜色ない。しかも、有無を言わせずいやでも金持ち臭をプンプンまき散らす。しかしナイキのマークをさかさまにしたようなマクラーレン社のエンブレムは、誰も知らない。嘘のような本当の話だが、「月光仮面ですか？」と聞かれたこともある。それ以上に車としての存在やメカニズムについては、月光仮面の正体なみに誰も知らない。

8.3 あばたもえくぼ

ただし、「スーパーカー」には期待が大きい分、期待にそぐわなかったり思ったようなパワーや操作性が得られなかった場合、失望も大きい。MP4-12Cに限って言うと、ボディーとドアの表皮が一体構造になったディヘドラル・ドアは、サイドエアインテークとサイドシル部分の凹凸による見た目の迫力、デザインの美しさに息を飲む一方、実用部分で不満が出る一番のポイントである。上に跳ね上げる様式のドアは、乗降時の開閉の際に、いやでも真っ先に衆目を集める一番のアピールポイントとなる。ランボルギーニ車のシザーズ・ドアは、V12エンジンをリヤミッドにマウントした結果仕方なくそうせざるを得なかったという構造上の産物であることは松中（2022）[8] で論じたとおりだが、マクラーレン車のディヘドラル・ドアは決してそういう理由ではない。マクラーレン初の「スーパーカー」であるM6GTのドアがディヘドラル・ドアで上に跳ね上げる形式だったために、それに敬意を示し、現在まで踏襲することでこのドアを採用している。もちろんランボルギーニ車同様、車体剛性を確保するためサイドシル部が太く設計された車は、通常の横開きドアでは乗降性が悪化するため跳ね上げ式ドアが採用されるという理由があり、それゆえレーシングカーでの採用例が多いので、マクラーレンのF1カーもその例に漏れないだけである。

垂直に開くムルシエラゴ（左）のシザーズ・ドアと斜め横に開くアヴェンタドール（右）のバタフライ・ドア。さらに真横上に開くマクラーレン車のディヘドラル・ドア

ちなみにディヘドラル（Dihedral）というのは、日本語で「上反角」と訳され、飛行機の主翼の水平面に対する角度を意味する。このマクラーレン車特有の跳ね上げ式のドアであるが、横方向に片側あたり約497mmせり出す。メーカーもディーラーの人間も開閉に際して必要にして十分なスペースを確保したと口を揃えるが、斜め上に跳ね上がるため実際の乗降に際しては隣の車にドアの上下端が当たらないか不安を伴い、心理的には両サイドに車1台分位の十分な空きスペースが欲しくなる。この辺は垂直に跳ね上がるランボルギーニ車のシザーズ・ドアの方が両サイドの車のギリギリに停車してもそれを気にする必要がなく、日常的な使い勝手はよい。

MP4-12Cのリヤ下部に設置されるディヒューザーはグラスファイバー製で、軽くぶつけただけでも全体がグニャグニャになりアッセンブリーでパーツ全体の総交換となり、そのパーツ代含めた修理代金は天文学的な数字になる。また車高の低さに比例して顎下が低く、前後共にタイヤ止めのブロックを乗り越せずにこすってしまう危険性も高いため、ディヘドラル・ドアでなくとも色んな部分で後の祭りにならないよう、前後左右に余裕のスペースを空けて駐車するのが「スーパーカー」の基本である。ドアの開閉と乗降のついでに述べておくと、サイドシルも難点の残る箇所である。サイドシルに手をついて体を支えながら車を降りると楽であるが、車体後方に向かってサイドシル部分のカーボンモノコックのモノセルが斜めに高くなっているため、大きく身を乗り出すと頭がドアの下端にぶつかる恐れがある。これはカウンタックのドアダンパーのガス抜けで開けていたドアが落ちてきて手足を挟まれる、先述した“ギロチン事故”に等しい現象で、ドアが上に開く車の“あるある”ではある。この点について笹目二朗(2013)[9] はマクラーレンという会社の「スーパーカー」界での日の浅さを指摘しながら「MP4はレーシングカーのイメージが根底にあるスポーツカーであり、取りあえず「速ければいい」のだ。メーカーとしての“ロードカー”作りの経験は浅く、日常性などは二の次になっている」と批判しつつも、「こうした日常における使い勝手などは、設計者の経験値や技量が問われる部分であり、やがていろいろ体験する中で解決していく、そんな時間も必要だ。その点、ライバルたちは実によくできているし、振る舞いも洗練されている。(中略) フェラーリとて、昔は粗野な作りも散見された。だからマクラーレンも幾つか作るうちに進化していくだろう。この手のクルマに興味をもつ人たちは、最初から完成されたものを求めるのではなく、芸術家が成長していく過程を見守るパトロンのごとき気概をもたねばならない」[10] と愛情溢れるコメントを残している。こうした反省点からか、マクラーレン720Sでは「カーボンモノケージⅡ」と呼ばれる、フォードGT40と同じような天井の中央部分まで開閉スペースを設ける構造に変わっている。もっともランボルギーニ車でもアヴェンタドール以降のモデルやラ・フェラーリなどは同様に斜め上に跳ね上がるバタフライドアだが、先の写真で見ても分かる通り、垂直に開くムルシェラゴのシザーズ・ドアと斜め横に開くアヴェンタドールのバタフライ・ドアと比べても、ガル・ウイング並みにほぼ真横に開くマクラーレン車のディヘドラル・ドアの方が場所を取り、その乗降性と合わせてランボルギーニ車に分がある。

ランボルギーニ車もマクラーレン車も、ともに跳ね上げ式ドアを採用する理由が恰好ではなく機能性重視の必然的理由からではあるが、ランボルギーニ車のシザーズ・ドアはボディー下部のサイドスカートとサイドドアがセパレートになっているため、ドア自体には泥汚れが付かない。しかしマクラーレン車ではドア自体がボディー下部を兼ねており、それがデザイン的なアピールポイントともなっている半面、この部分が「あっ、汚い!」と違う意味での注目を集め、失望に変わるという諸刃の剣なのである。しかしこれもマクラーレン社らしい、走りに対

カウンタックのシザーズ・ドア

マクラーレン車のディヘドラル・ドアと後方に向かって高くなるサイドシル

する徹底したストイックさの表れであると見ることができる。すなわち、カーボン一体式のバスタブユニットをその特徴とするマクラーレン車では、構造上ドアとボディーをセパレートにできないのである。またそのためには、サイドシル上部の高さにまでドアの下部の位置を上げる必要があり、サイドシルが非常に高くなって乗降しにくくなるという現実がある。それ以前に、車体の底部なんぞ走っていれば汚れて当たり前、底が汚れたところで走りには何にも影響ない、というスタンスである。

さらにはランボルギーニ車みたいにドアとサイドスカート部分がセパレートの跳ね上げ式ドアにすると、サイドスカートが汚れていると乗降時にサイドスカートにズボンが触れた際にズボンが汚れる可能性があるので、ドアがボディー構造を担ってサイドシルを保護すればサイドシルが汚れないし、乗降時にズボンが汚れることもないという英国紳士なみの配慮もあるのかもしれない。いずれにしても、見た目の華美さに何の意味がある、というのがマクラーレン車の本質なのである。あとは、全般的にスイッチ作動の反応が遅い。ドアの開閉スイッチ、エンジンフード、トランクフード、サイドブレーキのスイッチなど、全てのスイッチが電子コントロールされているため、実際にドアやフードが開くまで通電時間のために1.5秒ほどを要する。しかしこれも、逐一全部をワイヤーにするより電子制御で一括管理する方が軽量化に貢献するからという考えゆえであろう。シフトチェンジも然りで、サーキットモードにするとシフトレバーの切り替えと同時にシフトチェンジするが、通常走行モードだとシフトレバーを切り替えてもシフトチェンジに1.5秒ほど要する。こうした瞬時に反応する操作性の気持ちよさでは、ガヤルドに軍配が上がる。ガヤルドは通常走行モードでも、MP4-12Cのサーキットモードかそれ以上のシフトチェンジの速さで、これ以上ない快適さだった。操作面の素早さと快適

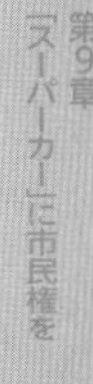

さでは、MP4-12Cはガヤルドに遠く及ばない。とりわけシフトチェンジの遅さは絶望的ですらある。俗にいう“ギヤ飛ばし”で、6速から1段飛ばして4速に落とそうとパドルを2度引いても、ギヤボックスが勝手に逡巡してそのまま4速には落ちないため、ギヤが順番に段ごとに落ちるのを待つしかない。ターボ・ラグも解消されていないため車がドライバーの意志についてこられず、オーバーテイクを諦めないといけない。また、トラクションコントロールをオフにするのに手間がかかるのも欠点の一つである。しかもこのトラクションコントロールはトラック・モードでしかオフにできない機構であり、トラック・モードがオンの状態だと介入頻度が高くなって煩わしく、オフにするとサスペンションが跳ねる危険に直面するが、そうならないようにメーカーが考えるドライブ操作の理想で車にそのように仕組まれており、そのせいで車がこちらに合わせてくれている感覚の一因になっていて、征服感が乏しい。

また電子制御ついでに話せば、バッテリーの充電残量のデジタル表示が結構アバウトである。バッテリーの残量表示がどんなに走っても97%から上がらなかったり、逆に100%だったのが車庫に入れて停車した途端に急激に68%に減っていたりするが、何かの拍子でエラーを拾ってか、表示がまちまちである。ただいったんエンジンを切って10分ほどスリープ状態にすると、次に始動したときには100%に戻っていたりする。この残量表示が正確だったらバッテリーの劣化も疑われて逆に怖いけど、ディーラーの整備士も言うようにおおよその目安で大体の数字なので、さほど心配する必要はないと思う。慣れれば気にならない。室内の乗車スペースは快適の一言であるが、ミッドシップとハンドリングの特性を最大限に活かすために、チーフ・エンジニアのネイル・パターソン（Neil Patterson, 1970 − ）（2011:57）[11] が「ペダルボックスとステアリングホイール、そしてシートを完璧に一直線に整列させることができました」と言うように、MP4-12Cは一直線の姿勢で理想的なドラポジが取れるライドスタイルによって乗車スタイルは格段に向上したものの、蟹股の私には左足の置き場所に困ってしまう。

私が蟹股を直せばいいだけなんですけどね。

さらに、メーターパネルには逐一やれ「ブレーキを踏め」だの「サイドブレーキをかけろ」だの、ちょっとした動作であえてその操作を省略しているだけでも、免許取りたての若葉マークドライバーにでも言うようなあれやこれや初歩的な小うるさいメッセージのてんこ盛りである。最後に、パーツの一つ一つが高額である。2023年12月2日に「すべてが凄すぎる！ 伝説のスーパーカー マクラーレン「F1」フロントガラスの交換が高額すぎると話題に」[12] というネット記事でマクラーレンF1のフロントガラス交換だけで500万円かかるという話が取り上げられていたが、マクラーレン車はネジ一本にしても、その辺のホームセンターで買うのとはわけが違う。バッテリー交換にしても、バッテリーの本体だけで約60万円かかる。バッテリーはリチウムイオンバッテリーで、それ自体がもともと数十万円の高価なものであるのに加えて、マクラーレン独自の専用の形態と取り付け方法が必要で市販のものでは適用しないので、周辺のペリフェラルパーツと合わせて一式アッセンブリー交換となるためである。しかしMP4-12Cはドアにも第2のスイッチともとれる電子制御が付いており、ドアの開閉のたびにスイッチ類やメーター類に逐一電源が入る。だから素人が面白がって意味もなくドアの開閉を繰り返すことは、バッテリーの電池残量を減らすだけでなく、バッテリー寿命を縮めて故障の原因にもつながる。ドアは開けるなら開けっ放し、閉めるなら閉めっぱなしの状態にした方がバッテリーには優しい。こうした車の特性を瞬時に見抜き、車にとって最も理にかなった負担にならない効率的な所作を本能的に実践できるかも「スーパーカー」オーナーになれるかどうかの試金石となる。どっちにしても、憧れの女優やアイドルの素顔を自分だけの手に入れるのと同じで、こういう点が所有してはじめて分かる「スーパーカー」の喜びと醍醐味と苦労でもある。

今日もひとりでニタニタしながら愛車を磨こうっと。

8.4 F1の名門ブランド、マクラーレン

2010年3月18日、イギリスのサリー州ウォーキングにあるマクラーレン・テクニカルセンター（MTC）で行われたMP4-12Cの発表会席上で、ロン・デニスは「自動車産業において、新たなスタンダードとなるような高性能スポーツカーを、われわれが自らの手で造り上げること。それが私の長年の夢だったのです」[13] と語った。この言葉はマクラーレン・オートモーティブ社社長のアンソニー・シェリフの、「「スーパーカー」の世界に、全く新しいスタンダードを作るつもりだ」[14] という言葉ともぴったりと符合する。この言葉ほど、マクラーレン社の性格とその車造りを如実に物語っているものはない。しかし一般人はフェラーリ車やランボルギーニ車には狂喜乱舞してあることないこと話が弾むが、一部の「スーパーカー」マニアならいざ知らず、世間一般的にはマクラーレン車の名前はまだまだ知られていないと言ってよい。悲しいかな、それはマクラーレンディーラーの営業担当者が怖いほど口を揃えて言う、「うちはできてまだ間もない会社で「スーパーカー」としては歴史が浅いですが…」という枕詞にも表れている。Ｆ１ではすでにフェラーリ社にならぶ名門メーカー＆ブランドとして歴史も名もあるマクラーレン社である。ましてや1992年に登場して初の億越え「スーパーカー」となったマクラーレンF1は「スーパーカー」界における革命児であるとともに、その存在はいまだに「スーパーカー」の世界では揺るぎない伝説である。

90年代、土曜の深夜にフジテレビで放映されていた『F1グランプリ』を観ていた人間にとっては、そんな枕詞は不要である。私は、日本のホンダ社とマクラーレン社が手を組んだマクラーレン・ホンダを無条件に応援していた世代である。ニキ・ラウダは言わずもがな、アイルトン・セナも、セナが1994年にサンマリノGPのイモラサーキットで側壁に激突死したシーンも生で見ていたし、アラン・プロスト、ゲルハルト・ベルガー、ナイジェル・マンセル、ミカ・ハッキネン、ジェンソン・バトンもルイス・ハミルトンも当時天下に冠たる名前で耳にしない日はなかったし、『カーグラフィックTV』のオープニング曲同様、フジテレビの「F1グランプリ」のオープニング曲であったT-SQUAREのTRUTHを聞くと、それだけで感涙にむせび泣き血沸き肉躍る世代なのだから。そのセナは、彼の功績をたたえて車名にしたマクラーレン・セナという1億円越えの特別モデルの名前でも知られている。またF1を出自とするマクラーレン社は、その生い立ちから性格に至るまで、フェラーリ社をライバル視し、またフェラーリ社に似通る部分が少なくない。場合によっては、フェラーリ社を凌駕している部分も少なくない。それはマクラーレンの車に乗ればすぐに分かる。悲しいかな、生真面目な英国紳士の造る「スーパーカー」であるマクラーレン車に足りないのは、フェラーリ車の様な過剰な色気とランボルギーニ車のような過剰な毒気と攻撃性であろう。2社のこれらの無駄を排除すれば、おのずとマクラーレンの車になる。

「うちはできてまだ間もない会社で「スーパーカー」としては歴史が浅いですが…」という枕詞はそうした「スーパーカー」界の2トップに対するライバル心の表れとも取れるが、同時に卑屈な自虐にも取れてしまう。この枕詞を捨てて、マクラーレン・ディーラーの人間はもっと大いばりで胸を張っていいと思うのだが、どうだろうか。もっとも、この謙虚さこそがマクラーレン社らしさなのかもしれないが。

8.5 マクラーレンの方向性

松中（2022:96）[15] で、アメリカを代表する有名建築家、ルイス・ヘンリー・サリバン（Louis Henry Sullivan, 1856 – 1924）の「形式は機能に従う（Form ever follows function.）」という言葉を紹介した。この言葉を、自動車という形でかたくななまでに追求しようとするのがマクラーレン社であると、個人的に強く感じる。MP4-12Cをデザインしたフランク・ステファンソンは、「フォルムとは実際には機能イコールなものだと私は信じていますし、もしそれが正しく見えるとしたら、実際にもそれは正しいのです。私はひねくれたルックスのクルマを造る気はありません。それは論理に反した戦いを挑んでいるように思えるからで、そして実際に（視覚的にも）まともに機能するとは思えません」[16] と述べ、この考えを敷衍する。マクラーレン・ディーラーでのMP4-12Cの発表会で配られたカタログには、最初の1ページから9ページまでのIntroduction（紹介）コーナーで、この車造りの理念について次のように記されている。EVERYTHING BEGINS WITH THE DRIVER（全てはドライバーとともに始まる）／BUILT AROUND YOU（あなた向きにしつらえられた）／FOR THE ROAD YOU'RE ON（あなたが走る道のために）／FORGET WHAT YOU KNOW ABOUT SPORTS CARS. WE ARE McLAREN（これまでのスポーツカーの固定概念を捨ててください、私たちはマクラーレンです）

果たして、これ以上に自信に満ち溢れた言葉があるだろうか？実際、MP4-12Cはカタログのこの言葉を裏打ちしている。それは、この謳い文句にもあるように“我々が持っている既成概念や常識が全く通用しない、かけ離れた異次元の完成度”である。それを証明するかのように、マクラーレン社のレーシングチーム運営者のロン・デニスは何かと比較され、ライバル視されるフェラーリ社に対して、「フェラーリに対しては当然ながら非常に敬意を払っています。しかし重要なライバルとは考えていません。みなさんは動力性能やスタイリング、それに走りの実力などでお互いを比べようとするでしょうが、正直にいえることはわれわれの重要なターゲットは別のブランドのオーナーのみなさんだということです。どれだけの人数がフェラーリから当社のクルマに乗り換えますか?正直に申し上げますが、それはごく少数に留まるでしょう。さらに自信を持っていえることは、当社の製品のオーナーはフェラーリと両方を所有していくだろうということです」[17] と語り、フェラーリ車に負けないマクラーレン車の魅力について確固たる自信をのぞかせる。そして代表のアントニー・シェリフは、それをこのカタログの言葉同様、「これまでのスポーツカーブランドにまつわる知識は忘れてください。私たちは今までとはまったく異なる価値を持つクルマを、これからお届けしようとしているのです」[18] と語る。

マクラーレン車の特性は、最高速以上に車としての安定性と信頼性、そしてメーカーも公言してはばからないミドルサルーンなみの快適性にある。自動車評論家がMP4-12Cを試乗して口を揃えて言う言葉が、後で紹介する高級サルーンかメルセデスの最上級クラス、はてはロールスロイスなみに乗り心地がいいという評価である。実際、同乗させた人間が口を揃えて述べる感想がこれであり、私も同感である。長距離を走っても全く疲れない。人間工学に基づいた室内の本革シートやコックピットは、その質感もさることながら、デザインもそこかしこに人間工学に基づいた意匠で溢れている。この点について渡辺敏史（2015）[19] は、「くわえて、MP4-12Cはもっとも重要なヒューマンインターフェイスの調律、すなわちコンパクトな車体と視界の確保という点にしっかりと気を配られている。注目すべきは1,908mmの全幅で、このクラスのスタンダードにたいしてあきらかにタイトなそれは、コクピットのセンターコンソールを縦型にするなどの腐心によって導かれたものだ。そして車内に座ればミッドシップカーにして斜め後方の視界が開け、前を向けば盛り上がるフェンダーの峰をとおして車幅と前輪位置が把握しやすいように気づかわれていることがわかる。ひとがスポーツドライビングを愉しむにあたってなにが一番重要かといえば、視覚情報の量と明確さであることに疑いの余地はない。MP4-12Cのそれが偶然の産物ではなく、フロントカウルの上端をできるだけ低くするなど、設計の時点から確保される前提だったと知れば、このクルマがいかに走りを本気で考えているかが伝わってくるだろう」と感動し、西川 淳（2011）[20]は「（前略）フラットフィールに終始しながらも、例えばハンドルの切り始めや戻す瞬間におけるノーズの動き、わだちを越えたときの車体の上下動、アクセルペダルから伝わるパワートレインの重量感など、すべての動きに対する手応え・足応え・腰応えが正確かつ素早い。予感と後引きのバランスが、人間の感覚として非常に理にかなったものに感じられるのだ。しかも、それらがすべてバランスよく、ドライバーまで含めたひとつのシステムとして調律されている。これぞ、正真正銘の“人馬一体”感覚というべきだろう」と絶賛する。同様にその乗り心地と操作性についてWebモーターマガジン編集部（2021）[21]は、「とにかく、もの凄い一体感だ。以前に型落ちのF1マシンに乗ったことがあるけれど、明らかに血のつながりを感じる。ドライバーがモノセルと融合し、自由自在に手（前輪）と脚（後輪）を制御できる感覚。だからこそ、600psものパワーを、ためらうことなく路面へと放出できたのだ。ブレーキステアなどF1技術直系の電子制御システムの助けを借りれば、ミッドシップカーのスポーツドライブが以前より十倍以上うまくなったと感じる。しかも、街中では驚異的に乗り心地が良い。MP4-12Cは、まちがいなくスーパーカーの新境地を行くモデルとなるだろう」と絶賛する。

マクラーレン社の精神とそのF1マシンのテクノロジーを余すことなく反映させたMP4-12Cであるが、F1マシンとの結び付きについて大谷達也（2014）[22]は、「MP4-12Cは外観上の共通点はあまり見当たらないものの、その設計思想には深い結びつきがある。その最たるものが、スポーツドライビング中にドライバーをいたずらに刺激することなく、冷静沈着に判断できる環境を整えていることだ。これはコクピットについても同様のことが言える。はっきりいって、MP4-12Cの操作系や表示系は最新のF1とは似ても似つかない。しかし、そのオリジナリティの高いレイアウトは人間工学を考え抜いてデザインされたものであり、表示系はコンパクトながら実に見やすく、操作系も容易かつ確実にコントロールできるよう工夫されている。なかでも、センターコンソール上のディスプレイを通常の横型ではなく縦型に配置したり、エアコンの表示系と操作系を左右分離してドアのハンドル上にもうけたりした点などは、スーパースポーツカーの限りあるキャビンスペースを有効活用する優れたアイデアとして注目に値する。実にクリエイティブで柔軟な発想だ。そのいっぽうで、MP4-12Cのステアリング上には一切スイッチがない。この点は、ステアリング上に所狭しとスイッチやダイアルを配したF1マシーンはおろか、最近のラグジュアリーカーとくらべても大きく異なっている。これについてデザインディレクターのフランク・ステファンソンにたずねたところ、こんな答えが返ってきた。「スーパースポーツカーのなかにはF1に影響されたインテリア デザインを採用しているものがあります。それ自身は興味深いことですが、F1はあくまでもF1であることに気づくべきです。F1でステアリング上にスイッチを並べているのは、コクピットがあまりに狭いからに過ぎません。もっとも、ステアリング上はF1ドライバーにとってオフィスのようなものですから、彼らはそれらを自由自在に操ることできます。けれども、一般のドライバーには絶対に真似できません。ですから、私はステアリング上にスイッチをもうけないことにしたのです」（原文ママ）F1とMP4-12Cとではデザインが大きくことなるが、真の意味で優れたスペース効率と操作性を追求する姿勢は、どちらにも完璧に貫かれている。これこそ、F1チームであるマクラーレンが作ったロードカーとして、もっとも誇るべき点であろう」と、F1マシンとは異なりながらも、随所に見られるF1マシンのテクノロジーを指摘する。一方岡崎五朗(2013)[23]も同様の意見として、「抑えめのエンジンサウンド、スイッチ類を完全に排したステアリングホイール、整理統合された操作系など、表面上はF1マシンとオーバーラップする部分の少ないMP4-12C。しかしそこには間違いなく、マクラーレンがモータースポーツ活動を通じて培ってきた骨太な思想が反映されている。100分の1秒を競うレーシングマシンに求められるのはクイックなハンドリングでも官能的なサウンドでもなく、ドライバーが自信をもって「踏んでいける」こと。マクラーレンにとって扱いづらさは「悪」なのだ」と述べて、MP4-12Cに刷り込まれたマクラーレン社の哲学とF1マシンのテクノロジーの融合を説く。

これまでのスーパースポーツカーというものは、F1を彷彿とさせるモンスター級の速さと派手なルックス、それに相まって迫力に満ちている半面、ドラポジが取りにくく乗り心地も悪く、緊張感や恐怖心を伴うものでもあると同時に、爆音で攻撃的なパワー感といったものだけに終始する傾向があった。そうした性格ゆえに、日常のストレス発散、高揚感というものにつながる要素が大きかった。しかしマクラーレン車で一番印象的なのは、その「スーパーカー」然とした攻撃的な見た目と相反するマイルドで穏やかで快適な乗り心地という、これまでのスーパースポーツカーのイメージとは正反対の、おおよそスーパースポーツカーには求めることさえ困難な、自動車として両立しえない要素である。だがこうした相反する要素の実現こそが、これまで述べてきたようにロン・デニスの哲学であり、マクラーレン社のDNAとして受け継がれる思想なのである。625馬力もの巨大なパワーを後輪だけの2駆で受け止めながら、この相反する要素をしっかりと両立させ、癖がなく、穏やかで、冷静でいられる。その結果、これまで多くの自動車評論家が口を揃えるように、乗りやすく、速く、安全に性能を楽しめるという安心感と安定感がもたらされるのである。MP4-12Cにこうした安定性と快適性、そして軽量化という恩恵をもたらしているのが、マクラーレン社の一番の売りであるキャビンコンパートメント部分のカーボン製モノコックバスタブユニット型の一体構造である。これらの恩恵は、シートに座った瞬間に感じられ、アクセルを踏んだ瞬間に確信に変わる。その確信は、ドラポジとハンドル周りのインテリアの造形、そしてハンドル操作でさらに実感できる。ハンドルのリムを握った時のフィット感からして、他の車とは違うのである。それもそのはず、ステアリングホイールのサイズはF1の経験からデータと計算によってその形状と大きさを導き出され、ハンドルのリムの太さはF1ドライバーのルイス・ハミルトンがドライビンググローブをはめた手で握ったリムの大きさを基準にそのサイズが決められた。そしてハンドルの形状は、奥が尖って手前側が丸くなっており、指の第一関節が違和感なくハンドルにフィットして疲れない構造になっている。インテリアは全てビスポーク製で、ステアリングコラムも軽量化のために研削して造ってあり、軽量ながら剛性感は高く、走行中もピッチやロールやヨーといった動きがほとんど感じられない、他では味わえない走行性能と快適性との凝縮感が満載である。全ての装備が速さと軽量さと快適性を形にして表しており、無駄なものは一切ついていない。

私の体型も身の周りも、これくらいスッキリしたいものですな。

8.6 軽量化の鬼

次に気づかされるのが、前述した二点目の特徴である軽量化への徹底したこだわりである。MP4-12Cの公式のスペックは乾燥重量1,336kgで、ライバルのフェラーリ458イタリアの1,380kgよりも約50kg軽い。これはダウンサイジングしたエンジンとミッションはじめ、カーボンセラミックブレーキより軽い鋳造アルミニウムハブと鋳鉄の複合ブレーキシステム、さらには肉薄のホイールやアームに加え、円形ではなく六角形のアルミニウムワイヤー、マグネシウムを用いたビーム、上方排気による配管の取り回しによって実現した短いエグゾーストパイプ、そして75kgしかないカーボンファイバー製バスタブ型シャシーのモノセルユニットによるところが大きい。MP4-12Cで走り出してすぐに分かるのは、色々なデバイスが作用して誰でも難なく速く走れるように車が合わせてくれる、ということである。速度センサーやGセンサー、サスペンションセンサーなどの多くのデバイスが連動して、速く走るための最適解を車の方で出してくれるのである。その最たるものが「プロアクティブ・シャシーコントロール」と称される、サスペンションの足回りである。フルブレーキングすると普通ならフロントがノーズダイブして沈み込むものであるが、瞬時にエアブレーキが立ち上がって同時に後輪も沈め、四輪全てを沈めて平行を保とうとする。これはコーナリング時も同様で、アンダーステアが出そうになるとブレーキステアが効いてリヤ内側にカウンターをあててアンダーを打ち消して車の方で制御してくれる。人間の感知できる領域を超えて、あらかじめそうしたデバイスが車両を保持してくれる。だから自分で車を操っているというより、車が乗り手に勝手に合わせてくれている感が強い。オープンデフに比して明らかに重量がかさむため、MP4-12CにはLADが搭載されていない。その代役がマクラーレン社が“ブレーキステア”と呼ぶところのボッシュのESPの発展型システムである。タイヤへの荷重をコントロールすべくブレーキを残して旋回するトレイルブレーキングも、アンダーステアもオーバーステアも出ないように車の方で制御を効かせて安定させるので、コーナリングも全く危険を感じない。テールがスライドを始めても、車の方でドライバーの技量に合わせてカウンターをあてて逆ハンドルを切り、ステアリングはそれ以上の情報で制御して電子制御が立て直してくれる。その前にシャシーがそれ以上の挙動の乱れを許さない。左右に振ると、シャシーと前輪は両腕で抱え込んで一体となっているかのごとく、意のままに動くのである。ミッドシップのV8エンジンは、タコメーターが3,000rpmを超えたあたりから顕著にツインターボの加給効果を実感でき、その加速感はまるでジャンボジェット機の離陸か何かのようにパワフルであり、ここからレブリミットに向けてのパワーフィールは圧巻の一語に尽きる。印象的なのは、MP4-12Cの特徴でありかつ売りでもある、スタビライザー機能を油圧によりロール制御する「プロアクティブ・シャシーコントロール」機構によりコーナリング時のターンインの感覚である。制動時にリアスポイラーを油圧によって制御するエアブレーキにより、ブレーキステアの制御も自然なもので、強いアンダーステアもロールも感じないが、これもまた車側の優秀な制御によって抑えられている。ディーラーのセールス担当者が、直線を飛ばしている時にスピンして事故を起こすパターンがマクラーレン車では一番多いと語っていたのもうなずける話である。フェラーリF40のジャジャ馬ぶりに手を焼いて、「雨の日には絶対に乗りたくない」という有名な言葉を残したのはF1ドライバーのゲルハルト・ベルガー（Gerhard Berger, 1959－）であるが、そのF40と同じような機構でF40より200馬力以上ものパワーがある。MP4-12Cは、雨の日に乗っても大丈夫ではあるが、思い切りアクセルを踏み込む蛮勇は私にはない。

F1の世界でフェラーリ社に優るとも劣らぬ歴史を歩んでその名を刻み、鳴らしてきたマクラーレン社である。速く走らせるための機構も技術も否応なく知り尽くして持っているメーカーである。そんな彼らが、純粋かつストイックに速さを求めた結果、完成したのが一切の妥協を許さないMP4-12Cである。しかし車のポテンシャルが高すぎて、そこまでの限界を引き出すには至らないのが、素人ドライバーの偽らざる本音である。その本性は、スティーブ・サトクリフ（Steve Sutcliffe, 生没年不明）（2013:17）[24] が言うように、プロのレーシングドライバーによる、レーシングドライバーのための車である。そのベクトルは華やかさより、徹頭徹尾ドライビングマシーンであることの方に向けられている。こうした高次元での安定感は、シャシーの曲げ剛性の高さによる乗り心地の快適性と捩じり剛性の高さによる操安性の高さによる。そしてこれは、アルミシャシーと、繰り返しになるがマクラーレン社が「モノセル（単一構造体）」と呼ぶモノコックのバスタブユニットのコックピットの恩恵によるものである。MP4-12Cのシャシーはカーボンファイバーとアルミを使い分けて、ボディースキンの大部分はシート・モールデッド・コンパウンド（SMC）と呼ばれるカーボンコンポジット素材の最高級プラスティックが使用される。このことは、マクラーレン社のカーボンファイバー分野の権威であるクラウディオ・サントーニ（Claudio Santoni, 生没年不明）（2011:57）[25] の「何にしろこの31年間、カーボンファイバーシャシーを使わないで造られたマクラーレンは1台もなかったのですから」という言葉にも表れている。「モノセル」こそがF1でのレースマシンもロードカーも問わず、現在まで過去40年以上にわたってマクラーレン社が生産した全ての車輌に共通する機構である。高価で高度な技術を要するカーボンモノコックを歴代全てのモデルに採用する理由はただ一つ、「軽量高剛性」という、スーパースポーツカーの骨格に求められる理想の実現のために、これ以上優れた素材が現存しないからである。そこにあるのは最高のスーパースポーツカーを造りたいという理想主義とでもいうべき理念だけで、そこには一切の妥協も許されない。そしてそれは他のパーツだけでなく、細部にわたって施される血の滲むようなマニアックな技術の賜物である。その最たるものが、ダッシュボードとステアリングコラムを支えるマグネシウム合金製のクロスビーム上に、火花放電によって刻印されているマクラーレンのエンブレムであろう。組み上がった車ではこの上にダッシュボードが組み合わされて乗員の目には決して触れることのない箇所であるが、マクラーレン社のチーフ・エンジニアであるネイル・パターソン（2011:55）[26] によれば、この凹型の刻印により2.4gの軽量化が図られている。しかもこうした軽量化対策は、マクラーレン社のエンジニアたちが“5%ルール”と呼ぶ原則に従って進められている。それは、パーツの一つを完成させたらさらにもう5%軽量化できる個所を見つけないといけない、というものである。またシャシーのトラス構造によるくぼみ軽減腔は、ランボルギーニ・ミウラの軽減孔なみに軽量化を図っている。

そうして実現されたMP4-12Cの走りのレベルの高さは、前述したように高級サルーン車なみと形容されることが多い。嶋田智之（2014:41）[27] は「流して走っているときにはジャガーのサルーンのように乗り心地に優れ、そのしなやかさとフラットな乗り味を全く損なうことなく、とんでもない勢いでコーナーを抜けていく。（中略）けれどステアリングや2つのペダルは“こうあって欲しい”と願う理想的な操作感を示すうえ、操作に対する反応も極めて忠実にして正確。その局面で得ておきたいインフォメーションはステアリングやシートを経由してハッキリと伝わってくる。何より足腰の動きがファンタジーと表現したくなるほど素晴らしい。だから不安を感じることは皆無」と表現しているが、全く持って同感である。MP4-12Cの素晴らしさは、バランスのいいパッケージングと頑丈な骨格がドライバーにもたらす、非常に快適な室内空間と安定性、そして高次元でのコントローラブルなハイパフィーマンス性能にこそある。その結果、MP4-12Cは副産物としてスーパースポーツにはあり得ないほどの乗り心地の良さも手に入れた。この点についてAUTOCAR JAPAN編集部（2018）[28] は、「乗り心地は現代のマクラーレンを凌ぐ。リモコン的な運転感覚があまり良い評価を受けなかったのは確かだが、いま乗るとリムジン的ともいえる心地良さにはすぐに感銘を受けるはずだ。これよりも快適なスーパーカーなど、寡聞にして知らない」と絶賛し、金子浩久（2013）[29] は、「フェラーリでもポルシェでも、最近のスーパーカーは乗りにくいことはない。しかし、MP4-12Cはそれを超えていて、積極的に乗り心地がいいのだ」と評する。島下泰久（2012）[30] は、「おそらく多くの人がまず驚きの声をあげるのが乗り心地だろう。サスペンションのしなやかなストローク感はこの手のクルマとしては例外的なほどだし、何よりボディーがとんでもなくガッチリしている。それはそうだ。このMP4-12Cには「カーボンモノセル」と呼ばれるカーボン製のモノコックタブが使われているのだ。この剛性感、きっとほとんどの人にとっては今まで体験したことのないものに違いない」と驚嘆する。さらに山崎元裕（2012:33-34）[31] は、「（前略）したがってストリートレベルでのMP4-12Cは、「たまたまスーパースポーツの姿カタ

むき出しのベアクロスビームにある火花放電によるエンブレムの刻印と、シャシーのトラス構造によるくぼみ軽減腔（○内）

チをした」高級サルーン並みの快適性というものを誇る」と賛辞を送り、AUTOCAR JAPAN編集部（2011:17）[32]はMP4-12Cの独自のダンパーサスペンションの効果を指摘し、「MP4-12Cのサスペンションはオーソドックスなダブルウィッシュボーン＋コイルスプリング形式だが、ダンパーに工夫がある。（中略）これがスタビライザーの代わりを果たし、コーナーではロールを抑制する一方、直線では圧力を落として、優れた乗り心地に寄与するのだ。それは、メルセデスの上級サルーン並みと言ってもいい。決して盛っているわけでも、あなたを担ごうというのでもない。掛け値なしの話だ」と称賛する。同様にAUTOCAR JAPAN編集部（2013）[33]は、「だがMP4-12Cが我々を最も驚かせたのは、メルセデスSクラスに匹敵する平穏な乗り心地をあわせ持つことだ。このクルマのサスペンションは、高速道路でも山道でも、浮遊しているかのようにバンプを吸収して、ロールもピッチングも起こさない」と絶賛する。さらに吉田拓生（2012:41）[34]は檜井保孝の「（乗り心地は）すごくいいです。他のスーパーカーと比べてというレベルではなく、あらゆるセダンにも優るくらいです。（中略）この乗り心地は今後のスーパースポーツの新しい定義になるはずです」というテストドライブのインプレッションを紹介している。事実、MP4-12Cの開発陣がこの車に求めたものは、BMW5シリーズの乗り心地である。

くわえて、MP4-12Cの乗り心地の良さをロールスロイスと同等に見る評価も後を絶たず、清水和夫（2012）[35]は「MP4-12Cでコーナーを攻めると、ロールはほとんど感じないし、普通のスピードでは乗り心地はとても快適だ。まるでロールスロイスとF1が同居しているような感じである」と絶賛し、CAR GRAPHIC TV（2018）[36]では、「ロールスロイスのファントムとレンジローバーという乗り心地の良さで絶対的に評価の高い2台に対して、新生マクラーレンのMP4-12Cというスーパーカーが同じレベルの乗り心地を示してくれるハズだと考えたのだが、（中略）以前に乗った初期型12Cの記憶は、その日に同時比較したファントムとの対比でも、まさに対等かそれ以上であると確信させてくれたのである」と断言する。MP4-12Cの乗り心地の良さをロールスロイスと同等に見る自動車評論家が多いのには驚かされるが、その根本的理由について大谷達也（2015）[37]は、「圧倒的に質の高いクルマを走らせていることによる感動は、ある意味、ロール・スロイス「ファントム」と共通するものだ。もっとも、両者のハンドリングや乗り心地が似ているわけではない。クルマの質の高さが歓びに通じるというその構造が、ロールスとマクラーレンとではよく似ているのである」と指摘する。そしてその操舵感のよさについても、多くの自動車評論家が同じように口を揃えて賛辞を送ることを止めない。西川 淳（2011）[38]は「今まで試乗したどんなスーパーカーも、あの「アウディ R8」でさえも、MP4-12Cには及ばない。そして、やはり小さい。物理的にも精神的にも小さい。

それだけ一体感があるということだ」と褒めちぎるが、同様にアウディ R8との比較で西川 淳(2011)[39] は、「小村の荒れた市街地路面を、まるで欧州サルーンのようにこなす。この手のスーパーカーにしては、異例に乗り心地がいい。クルマそのものが軽いというのに、アシは極めてしなやかに動き、ときには重厚なライドフィールであると思えるほど。毎日乗ってもいいと思えたのは、アウディ R8以来だが、そのR8よりも心地良かった」と報告し、その乗り心地のよさと操縦感についても「12Cのコンフォート性能は、スーパーカーのレベルはもちろんのこと、"ハーダーサス"自慢のスポーツサルーンのレベルさえもはるかに超えている」[40]、「両腕とステアリングホイール、そして前輪のシャシーが一体になったかのような感覚は、まるでよくできたライトウエイトスポーツカーだ。しかも、上質な。そのうえ、乗り心地が抜群にいい。まるでヨーロピアンプレミアムブランドのスポーツサルーンほどの快適さ」[41]、「予想どおりなのに驚かされたのは、やはり、その乗り心地の良さ、だった。(中略) まるで車体が一体の"ダンパー"となって、全ての外乱を受け止めているかのようだ。(中略) とにかく、路面がグリップの利く氷のよう。アイススケートのフィギュアダンサーのように走るのだ。意のままに動く遊園地のコーヒーカップ&ソーサー、のようでもある」[42] と称賛する。マット・プライヤー (2014)[43] は、「デビュー以来、未だに衝撃なのはMP4-12Cの乗り心地だ。前後左右のダンパーを油圧によって相互リンクする方式をとる足元はバンプや溝による衝撃を、魔法のように無かったことにする。この乗り心地は現存するスーパーカーにはまずありえないレベルで、ファミリーカーでさえも同等の乗り心地を提供するクルマを見つけることは難しい」と絶賛するが、そんなMP4-12Cを走らせて思うのは、ロータスのようなライトウェイトスポーツカーに近いということである。フラットなボディーとパワーステアリング、そして「プロアクティブ・シャシーコントロール」の恩恵により、どのような路面状況であってもそれらのノイズを打ち消し、流れるように滑らかなで軽やかな走り味を醸し出してくれる。福野礼一郎(2013:71)[44] は、MP4-12Cの乗り味をイギリスのスポーツカー造りの定石と照らし合わせながら、「このクルマの採算性はエンジンのプライドにこだわらないからこそ成立しているともいえる。それぞれマクラーレンの伝統だけど、イギリスのライトスポーツカーの伝統通りともいえます。(中略) 今日このクルマに乗って思い出したのは、ただひとつですね。コーリン・チャップマンです。彼の時代のロータスの市販車は、(中略) まさにこういう完璧主義的なクルマだった。エリート、セブン、エラン、ヨーロッパ、エスプリ。とくにエラン、ヨーロッパですね」と感想を述べているが、奇しくもこれと同様の感想は西川 淳 (2011:42)[45] の「感覚的にはビートやエリーゼ、ストラトスに近いだろうか」、「乗り心地の良さはドイツ製高級スポーツセダン並か少し上、それでいてドライバーとの一体感はロータス『エリーゼ』級で、サーキットではシャシーがまるで自分の手足になったかのように“いきなり”全速力で楽しめる」[46]、「無駄のない極めて真っ当でマジメ、いかにもイギリス車らしい、ミドシップスポーツカースタイルだ。感覚的には、やはりというべきか、ロータスとよく似ていると思う。“デザインすべてに理由がある”という彼らの信念が、体現されているのだ」[47]、「第一印象はロータス。エリーゼの延長線上にあるスーパーカーを（跳ね馬出身者が仕切る前の）ロータスが造ったらこうなる、といった風情」[48] と力説する。それ以外にも「マクラーレンの乗り心地は、ひどい山道でも、まるで滑らかな高速道路を走っているかのように上々。最悪な路面状況でも滑るように走るさまは、ロータスのお家芸を見るかのようだ」[49]、「そのフィールはロータスに一脈脈通じる」[50]、「ロータスの凄いヤツのようなシャープなハンドリングのマクラーレン」[51]、「個人的には脚廻りのシステムはシトロエン的といえるかもしれないし、車輛全体のバランスはロータスの化け物のような感じだと思っています」[52] というように、他の自動車評論家たちからも口を揃えて同じような感想が散見される。そのロータスもイギリスの誇るスポーツカーである。

イギリス人と日本人は島国という地理的要件だけでなく、勤勉で真面目という国民性の気質も似ていると言われるが、イギリス車、特にマクラーレン車の生真面目な性格は日本人の感性に合っているのかもしれない。確かに、走り出すと見た目の巨体にもかかわらず自分の体と一体化したようなフィット感とモビルスーツを操作するがごとく巨大なパワーを意のままに操れる操舵感をもたらしてくれる。「スーパーカー」特有の高揚感をイギリス紳士という国民性と結び付け、清水和夫（2012:05:20 − 06:06）[53] はマクラーレンMP4-12Cを試乗して、「いずれにしてもこのマクラーレンMP4は、458の強烈なライバルとして開発、ローンチされたわけですけど、イタリアの熱いアドレナリンが出まくるエモーショナルなスポーツカーとは違って、普段は能ある鷹は爪隠すことができるという意味で、非常にイギリス的な、イングリッシュ・ジェントルマンが乗るスポーツカーとして造られているというのがよく分かりますね。ですから、どっちがいいっていう話ではなくて、やっぱりそこに英国流とイタリア流のエモーショナル・スポーツカーの違いがあるという風に思います」と感想を述べる。面白いことに、西川淳（2021）[54] も後年、清水と全く同じ感想を記している。いわく、「英国製スーパーカーにはラテン系のような乗る前からの高揚感は必要ない。真の実力はドライバーが自ら心のスイッチを入れた時にこそ発揮されるのだ。（中略）マクラーレンに乗るということは、フェラーリともランボルギーニともまるで違う経験である。（中略）マクラーレンに乗る前は、たとえこの華々しい空力スタイルを目の前にしていたとしても、心が妙に落ち着いている。期待していないかというと決してそうではない。実力の高さを十分に知っているから、今日も楽しむぞというくらいの気持ちにはなっている。けれども冷静沈着なのだ。高性能をいつでも自由に引き出せて、その必要のないときはまるで良くできたラグジュアリィスポーツサルーンのように付き合ってくれることを知っているから、不必要なまでに心を昂らせておく必要がない。イタリア系に乗る前には気合をイッパツ入れておくという、乗り手の心の暖機運転が要求される。マクラーレンにはそれが要らない。好きな時、好きな場所で心のスイッチを自ら入れてみせろ。さすがは背広とジャージー発祥の地、英国生まれのスーパースポーツというべきだろう」と報告している。西川のこの言葉は、「スーパーカー」というものの性格とその生まれ故郷の血筋という点で、本質を突いている。いったん牙をむけばイタリアの跳ね馬や猛牛に優るとも劣らぬ荒々しい獰猛さを内に秘めながら、上品な見た目とクールな走りで疲れの来ないライトウェイトスポーツを思わせるドライビング感は、まさにどんな時でもクールさを失わない英国紳士そのものである。こうしたMP4-12Cの癖のなさについて山田弘樹（2013）[55]は「スポーツドライビングに関心がある方ならば、一度や二度はカートを運転したことがあるだろう。例えるなら、あのピュアな感じ。あたかも最初から左足ブレーキを要求してくるかのような自然さに、マクラーレンというF1コンストラクターの血統が見えた気がした。（中略）このスポーツカーをドライブすると、「上善水如（じょうぜんみずのごとし）」という言葉が思い浮かぶ。クセというクセがまるでないその乗り味は、逆を言えばどこまでも高い次元でスポーツドライビングに応えてくれる“懐の深さ”でもある。そこにスピードそのものの、高い低いは関係ない。（中略）本当にスポーツドライビングを愛する者ならば、絶対にわかる良さがある。実直な純イギリス製スーパースポーツ」と解説し、西川 淳（2011:40）[56]は派手さはないものの、いかにもイギリス的な実力を隠し持った紳士ぶりを「第一印象は、地味、だった。と同時にそれは、機能美であるとも思った。イギリスで造られたミッドシップカーなのだ。リアルスポーツであることは想像に難くない」と評し、野口 優（2011:36）[57]は「それでいてボディデザインは控えめ。派手さがないから妙な自己主張を感じない。しかしむしろ、そこが逆に恐ろしく思えてくるから不思議だ。しかもこれが絶妙で、写真で見るとフラットに映るものの、実車は意外にもボリューム感に溢れる。こうしたシンプルな面構成はマクラーレンならではだろう。決してイタリア人には理解できない、さり気ない主義主張が備わっているのは確かだ」と畏怖の念を示す。水野和敏（2013）[58]は「僕は今日、雨の箱根で初めてMP4-12Cのスパイダーモデルを運転して、まずは「いかにもイギリスのクルマらしいな」と感じました。やはり、クルマには、その国の文化や道路事情が色濃く反映されるのです」と語っているが、自動車文化と国民性ならびにお国事情は、互いに不即不離の関係にある。実際、ENGINE編集部（2023）[59]は、「メーカーの広報担当者もイギリスの荒れたカントリー・ロードがこの乗り心地を作ったんだ」と言っていることを報じている。AUTOCAR JAPAN編集部（2013）[60] は「素晴らしい走りとハンドリングのMP4-12Cに乗り込めば、英国中どこへでもためらいなく走っていける。手ごわいコーナーが続こうが、荒れた道が続こうが、自信たっぷりに踏み込めるのだ」と自信を隠そうとしない。

そうした英国紳士のダンディズムを地で行くマクラーレン車であるが、デザイン原理とフォルムの随所とパーツの一つ一つにも説明可能な理由があり、その接合や組み合わせのいちいちが工業製品として非常に美しく仕上げられており、機械としての信頼度と車としての完成度は極めて高い。それは、シートに腰を下ろした瞬間にすぐに分かる。この点に関しては、Fox Syndication（相原俊樹訳）（2014:39）[61] が、「ボディーの造りが極めて緻密なことは背中と両手を通して明瞭に伝わり、ドライバーの全身を包む」と表現している通りである。スーパースポーツとしてのコンセプトを徹底し、一切の妥協を許さない造り込みで、掛け値なしの凄みを持った車がこそがマクラーレン車の売りである。「自走でサルテサーキットに行き、ル・マン24Hを戦い、帰りも自走で途中のスーパーマーケットに立ち寄れる車」というのがマクラーレンF1の開発コンセプトで謡い文句でもあったが、その精神はマクラーレン車の全モデルに通底する。マクラーレンF1の産みの親、ゴードン・マーレイ（Ian Gordon Murray CBE, 1946－）の精神こそが今日でもマクラーレン車の生命であり、その点で他車より抜きんでた比類なき存在であることは間違いないだろう。

8.7 空力特性の鬼

MP4-12Cはマクラーレン社の哲学が存分に活かされたモデルであり、空力特性にはF1スペックの風洞実験施設を用いて徹底的な解析が行われた結果に基づいて、デザインの細部にわたるあらゆる箇所が決定されている。フロントバンパー下部中央がなめらかに削ぎ落とされているのはそのためで、風の流れを床下へと導くべく形状も最適化されている。

MP4-12Cの最大の特徴でもあるボディー両サイドの巨大なエアインテークのフィンは一見、鬼面人を驚かすデザインの産物のように見えるが、機能を最大限に追求し、エアを最大量に取り込むように計算された結果の産物である。この点について、デザイナーのステファンソン（2011:51）[62] は「このクルマの大部分は空気をエアブレーキとサイドにマウントしたラジエーターに導くことを考えて造られています。そのため、人々がこの部分のディテールを見て『なぜエアインテークにこんな奇妙な形のパネルを使ったんだ』といわれたとしても、これはスタイリングではなくて、純然たるエンジニアリングの結果なのですと回答することになります。この部分はコンピューターで設計して空気を最大限の効率で内側に吸い込めるようなデザインにしてあるのです。中央のブレードを1㎜でも外側に動かしたら、内側に吸い込まれる空気の量は大幅に変わるでしょう。これがF1のテクノロジーなのです」と述べ、その空力的特性の秀逸さを声高に主張する。この言葉にも表れている通り、MP4-12Cには空力学的性能に高い優先度が与えられており、形成しているパーツの全てに説明可能な理由があり、単なる格好の良さだけでデザインされたものではない。F1レースで培った技術とテクノロジーを最大限に活かしてエンジンを低く搭載し、可能な限り運転席と助手席を車体の中央に寄せて車体の軽量化を実現させ、空力のロスを最大限少なくした。その実現のための作業は、マクラーレンのレースカー部門で働いたことのあるサイモン・レーシー（Simon Lacey, 1971－）の指導の下に行われた。

そしてMP4-12Cは、マセラティ MC12と同じ風洞実験とコンピューターによる流体力学の計算によって、全ての形状が決定されている。そこでの再優先事項は、空気が車の表面に密着して流れ、決して剥離しないフォルムを造り出すことであった。車のボディーを通して、空力を最大限に味方につけるのがMP4-12Cの最大の魅力であり、性能である。MP4-12Cの大部分は空気をエアブレーキとサイドに取り付けられたラジエターに導くことを中心に考えられて造られているのである。MP4-12Cの巨大なサイドエアインレットのフィンの形状はマクラーレンのロゴであるスピードマークを模し、空気の流れを90度折り曲げて横向きにマウントされたラジエター正面から全面に導くように設計されている。そのためMP4-12Cには左リヤローター前方に黒いプラスチックカバーが付いているが、これはラジエターのシュラウドでラジエターは前後方向縦に真っすぐに取り付けられている。通常の車であれば風を受けやすくするた

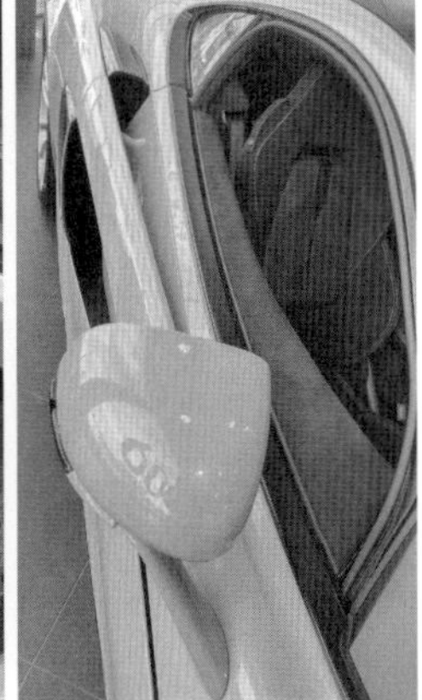

ドアの上部に掘り込んだダクトの穴とリヤサイドに効率的に空気を導くためのインナーライン

め、左右方向、横に取り付けられているので、こうした面からも空気の取り入れに対する発想が普通車のそれとは正反対であることがうかがえる。

またボディー上面に目立った空力的な余計な負荷物を加えることなく巨大なダウンフォースを生み出すことが可能な理由は、グラウンド・エフェクトカーとして計算され尽くしたボディー全体が空力を味方につけているからに他ならない。フロントノーズのボトムデザイン下部に備わったベンチュリ―トンネルから高速かつ高圧でエアを導入し、リアディヒューザーはダウンフォースを生み出した後のエアを効率的に排出すると同時に、ボディー下部の空気の流れを整える効果を担っている。グラウンド・エフェクトカーで重要なのは、ロードクリアランスをいかに小さくし、その量を変化させないようにするかということである。外観からはやや腰高に見えるMP4-12Cのスタイリングは、スロープバックでなだらかに下り落ちるエンジンフードの角度からテールエンドの高さまでランボルギーニ・ガヤルドやウラカン、アヴェンタドール、さらにはフェラーリ458、488、そしてラ・フェラーリとも似通ったスタイリングであり、現代のロードカーに要求される様々な規制に適合させ、それをクリアした結果である。この点について、フェラーリF430と同じデザイナーのフランク・ステファンソン（2011:50）[63]は、「われわれは自動車で可能な限りボディの質量を減らしました。これはマクラーレン伝統の流儀です。フェラーリのように肉感的な表面やランボルギーニのような折紙細工風のシェイプはわれわれには無縁です。クルマに対し意図的なスタイリングを施そうとしたら、最後は必ず無用に大きくなってしまいます。フェラーリは（後輪の上部に）見事なシェイプのヒップを構築してみせましたが、厳格にエンジニアリング上の意味で考えるなら、これがクルマに付け加えるものは何もありません。単に車重を増やして余分に素材を使うだけでしかないのです。われわれマクラーレンには何よりも重量を減らさなければならないという強烈な執着があるのです」と述べ、その空力対策と軽量化こそがMP4-12Cの目指すところだと主張する。MP4-12Cのシェイプは、その多くが内部のエンジニアリング上のパッケージに応じた形で決定されており、その外見上のデザインは機能の追求の結果生まれたフォルムであると言ってよい。同

マクラーレン540Cのフライングバットレスの空気腔と、そこからエンジン排熱へと空気を導くエンジンフード上のデザイン

様に、サイドの空気の流れをNACAダクトに導くために、カウンタックやフェラーリF40で採られたような三角形を横に寝かせた従来の形にありがちなエアダクトを、ドアの上部に掘り込んだり、リヤサイドに効率的に空気を導くためのくぼんだ経路をインナーラインとしてデザイン的要素に盛り込むあたりも、マクラーレンの意匠である。

一方で最新のランボルギーニ・レヴェルトに見られるCピラーをリヤフェンダー上に接着させる根元に風穴を通すフライング・バットレス（flying buttress）の技法も540Cやアルトゥーラで採られた手法そのままである。ただしこれは2006年に発表されたフェラーリ599、さらに遡れば1971年に発表されたマセラティ・ボーラにその原型を見ることができるが、ボーラはフライングバットレスという名前が示す通りただの梁とその隙間でしかなく、空気の流れを整えたり排熱の効率性を高める機能はさほど期待できない。またフェラーリ599もFRでエンジンをフロントに搭載しているため、エンジンの排熱効果という点で疑問が残り、デザイン上のアクセントであると考える方が妥当である。空気の流れを導き、空力を整え、エンジンの排熱効果を最大限に活かすデザインになっているのは、やはりマクラーレン車に分がある。そしてそのことが、先に見たフランク・ステファンソン（2011:50）[64]の、「フォルムとは実際には機能イコールなものだと私は信じていますし、もしそれが正しく見えるとしたら、実際にもそれは正しいのです。私はひねくれたルックスのクルマを造る気はありません。それは論理に反した戦いを挑んでいるように思えるからで、そして実際に（視覚的にも）まともに機能するとは思えません」という言葉につながり、後述する最近の「スーパーカー」がすべからくマクラーレン化しているという部分でもある。そしてその空力を活かすためにマクラーレン社が最も細部にこだわってデザインしたのが、MP4-12Cのウエーブ状に曲線を描くサイドミラーのステーとその上部に設けられたチャンネルである。たかだかこれだけのことであるが、これによりミラーのカバーによって発生する空気の乱流を整えて空気抵抗を減らす大きな役目を担っている。

MP4-12Cのサイドに設けられた巨大なエアインテークとフィン（○内）

ウエーブ状の曲線を描くサイドミラーステーとチャンネル

リヤグリル中央という特異な場所に位置する上方排気マフラー（○内）

立ち上がったリヤフラップ

　フロントアングル下部のセンター部分は、フェラーリ360モデナを彷彿とさせるような上がった形状をしており、アンダーフロアに多くの空気を取り込む構造となっている。これもＦ１マシンのデザインと同様に、アップノーズにしてフロア下部への空気の取り込みとそこでの空気の整流のためである。アンダーフロアはエキゾーストパイプの取り回しを上方にしているために完全フラットが実現できており、フロントタイヤ後方のＬ型のエアロパーツによって前方より取り込んだ空気をボディーの左右サイドに排出し、車体中央のアンダーフロアの気圧を低くしダウンフォースを生み出す仕組みになっている。そしてフラットフロアの下部を通って後方に排出される空気は、リヤで立ち上がるフラップでダウンフォースを生み出す流れになっている。

　空力特性に関しては、前述したエキゾーストパイプの取り回しやマフラーの位置からして凝っている。この点についてゴードン・マーレイ（2021:77）[65] は、「フロントミッドシップではグラウンドエフェクトを得るのが事実上不可能です。排気管が車体下を通過していますから。（中略）リヤミッドなら排気管を後ろに出すか、上方排気にするだけです」と述べているが、事実、マフラーが通常の車のようにリヤ下部ではなくリヤグリルの中央部から出ているのも、マクラーレン車に特異な特徴の一つである。MP4-12Cではエグゾーストがリヤグリル中央に導かれているのも、エンジンからのパイピングを短くするためとディヒューザーから排出されるエアとの干渉を避けるためにあると考えられる。こうした配管の見直しによって、パワーもアップしている。そして何より、エキゾーストパイプを従来のエンジン下部ではなくエンジン両脇から立ち上げて上方排気にしたことにより、エンジン、ディフェレンシャル、ミッションの搭載位置を下げて、なおかつアンダーフロアの空力デザインを優先したためである。ちなみにMP4-12Cの最低地上高は120mmという低さである。またドライサンプなのでオイルパンがなく、クランクプーリーの位置から見れば、エンジンで一番重いクランクシャフトは地面すれすれの位置まで下げられている。ドライブシャフトはクランクシャフトのセンターラインより高めに位置しているが、これもエンジン、ディフェレンシャル、ミッションの位置を下げるために採られた策である。こうした地上すれすれの重機関の搭載位置は走行安全性という点から見ると多少疑問が残るが、F1譲りのテクノロジーと重心、安定性、空気抵抗など諸々の要素から導き出された最適解が、この形と機構を生んだと思われる。さらにうがった見方をすれば、マフラーがこんな特異な位置にあるのは、ディーラーの整備士もセールス担当も口を揃えて言うように排熱効果も問題ないのでエンジンフードなんて開ける必要性はないし、要は「スーパーカー」オーナーによくある見せびらかし根性でエンジン御開帳みたいな余計なことはするなという一種の警告なのであろう。そのせいか、プラグ交換はおろか車体の中央に搭載されたエンジンには手も届かないし、GTやアルトゥーラなどはエンジンフード自体がボディーと同じアルミ素材となり、エンジンフードに隠れてエンジンそのものが見えない。こうしたデザインにも、エンジンフードをガラス張りにしてエンジンそのものを演出の一部とするフェラーリ車やランボルギーニ車に無言の抵抗を示し、これらの「スーパーカー」と根本から異なる機能第一主義な造りの気概を静かに主張しているポイントに思えて仕方がない。

しかしランボルギーニ車もアヴェンタドール以降、マフラーを上方排気でリヤグリル中央出しのスタイルを取り、その機構をも真似た感がある。真似たというより、その方が機構上自然であり、メリットも多いということなのであろう。またそれ以外の空力特性のこだわりとして、マクラーレン社の空力部門の専門家であるサイモン・レーシーは、特異な曲線を描くサイドミラーのステーやワイパーアームも風切り音の減少に対しても目覚ましい効果を上げていると訴える。そしてその最たる箇所が、リヤデッキ上にあるリヤウィング状のフラップによるエアブレーキ機能である。先に見たメルセデスとの共同開発によるメルセデス・ベンツSLR マクラーレンでは、リヤフード端をポップアップさせることで後輪側に大きな減速効果を生むエアブレーキを採用していたが、MP4-12Cでもその考えは継承された。航空機の翼を上下逆にしたような形状のこのフラップは、95km/h以上からの急制動時に自動でトランスミッションの油圧を利用して32度の角度に立ち上がる。そこからは空気の力だけで最大角度69度まで立ち上がり、これにより空気抵抗が増すだけでなく後輪の浮き上がりを抑え込んでリヤのトラクションが抜けるのを防ぐためのブレーキ補助システムであり、これは空気抵抗でブレーキの制動力を高めるのではなく、リヤの荷重を増やしてタイヤの接地力を高めようという考えである。実際私が個人的に試したところでも、エアフローが下部に働く圧力自体もフラップを立ち上げる力の補助になるように巧妙に設計されており、急停車の際に前輪が沈み込むノーズダイブを抑え、タイヤのスリップも抑えて車輛の安定を保ち、ブレーキを残してターンインしても後輪により強い制動力がかかるためフロントの荷重が増えずにアンダーステアが出にいという効果が確認された。と同時にそれは、サイモン・レーシー（2011:59）[66]の「これは素晴らしいシステムです。クルマの中でこれほどの知恵を備えたものはほかにありません」という自信たっぷりの言葉を裏付けるものであった。ただ急ブレーキ時に立ち上がるフラップがバックミラーに映る後方視界を全部覆いふさぎ、バックミラー全面がボディーカラーの真っ赤になって一瞬何事かと驚いたが、急ブレーキング時には前の車にぶつからないよう前方だけを見ていることが常で後方視界に気を配る余裕はないということが前提なので、問題はないのだろう。

いずれにしても、急ブレーキなんて必要のない安全運転が一番ですけどね。

8.8 重量配分の鬼

MP4-12Cの特徴の一点目であるボディーサイドを絞って車の全幅を可能な限り狭くした結果、第一に目を引くのは細く設計されているセンターコンソールである。これはドライバーがセンターコンソールのすぐ脇に座ることでドライバーを可能な限り車両の中心に近づけるためで、そのためカーナビの画面も場所を取らないように縦長にデザインされている。これにより、重量配分の左右分散を少しでも軽減しようという狙いがある。結果、これが重量配分の点からも功を奏している。ちなみに全モデルで測ったマクラーレン車のセンターコンソールの横幅は、約11cmである。カウンタックのセンターコンソールはシフトノブ付近の一番狭いところで約20cm、キャビン後方のエンジンルーム側の一番広いところでは約30cmもある。ランボルギーニ車全体に共通する機構だが、ミッションが前にあるせいでセンターコンソールは幅広になり、これがドラポジに干渉する。1992年に生産された初の億越え「スーパーカー」であるマクラーレンF1などは、センターコンソールどころかドライバーは最初から中央に位置していた。もっとも3人乗りという奇抜なレイアウトで、両端の2座席をまたいで真ん中のシートに到達しないとならず、乗降が大変であったが。ただそこにもマーレイの思想が徹底して貫かれている。マーレイ（2021:77-78）[67]はこうしたスーパースポーツの特性とドライビングポジションの問題に対して、「バルクヘッド背後にエンジンが位置する分、乗員は前方に着座せざるを得ないわけで、そうするとペダルボックスがあるべき空間がフロントのホイールハウスに浸食されてしまうのです。初期のミッドシップ車のペダルオフセットときたら、それはひどいものでした。荷室空間を含めたパッケージングはミッドエンジンに共通する難問です」と語るが、カウンタックなどはこの最たる例である。ドラポジなど取れるべくもなく、ドライバーはペダルがフロントタイヤハウスに押しのけられ右中央に寄っているため、上半身と下半身でくの時に曲げられ、足だけ右寄りになって運転せざるを得ないという、極めて不自然で窮屈な姿勢を強いられる。

またその副産物として、細いセンターコンソールで余計なスイッチ類を排除し、運転に関係のないスイッチ類は極力排除する方向にある。その最たるものがハンドル周りである。ギヤシフトのパドルは単一のビームに取り付けてあってパドルが一体型でつながっており、片方を手前に引くと反対側が奥に向かってシーソー式に一体で動く機構となっている。右側を手前に引くとシフトアップ、左側を手前に引くとシフトダウンとなるが、シーソー式に単一ビームでつながっているため、これと逆の作業、すなわち右側を奥に押すとシフトダウン、左側を奥に押すとシフトアップとなり、片手でシフトアップとダウンの両方の作業が可能となっている。この機構は最新のシボレー・コルベットC8でも同様であり、マクラーレン車の先見の明とそれに他社が追従する現状が見て取れる部分でもある。またインテリアも可能な限り集中力を削ぐようなものをなくしたかったというステファンソンの言葉通り、フェラーリ車やランボルギーニ車のハンドル周りと比べると、マクラーレン車のハンドル周りはiPod風にして数多くのボタンを目の前に並べないよう配置され、ハンドル上にはボタンやスイッチ類を置かないように配慮されており、実にスッキリしている。全ての装備が軽量さと操縦性を形にして表しており、無駄なものは一切付いていない。

渡辺敏史（2014）[68]、「そんなマクラーレンの本気、そしてF1との歴史の連続性が伺える、12Cのもっとも端的な箇所はインテリアかもしれない。わざわざ独自のUIを開発し、インフォメーションディスプレイを縦型にすることでセンターコンソールを細く設え、乗員を車体の中央寄りに座らせる。ドライバーはフェンダーの両峰を視界に完全に収めることで、そもそも無駄に大きくない車体を掌の内に収めたような錯覚を覚えるだろう。ドライビングポジションはステアリングの左右位置を問わず、オフセットは完全に排除。そしてステアリングの径や断面形状のみならず、パドルの操作トラベルやペダル踏力や、果てはウィンカーレバーの形状までが、ドライバーの繊細な操作を促すという目的で一致している。今日びポルシェやフェラーリでもここまで徹底して世界観を貫くことは難しいだろう。派手さはないものの、12Cのインテリアはスーパーカーとしてベストだと僕は思っている」と、その本質を突く。

そのMP4-12Cの前後重量バランスは42.5対57.3で、比較的理想的な重量バランスを誇ってはいるものの、リヤ側の荷重が若干重い。そのバランスを活かすために、メーカー公表のフロントトランク内の推奨積載重量は50kgまでとされている。ただしフロントの軽さと浮き、ハンドリングの不安定さはやはり2WD特有であり、個人的経験ではフロントボンネット内に30kgほどの物の積載荷重でフロントの浮きも収まり、4DWなみにハンドリングがしっくりと落ち着く。この重量バランスをさらに活かしているのが、マクラーレン社がMP4-12Cに独自に導入した「プロアクティブ・シャシーコントロール」である。この機構はマクラーレン社が90年代にF1レースで実践していた技術であり、左右のダンパーの伸び側と縮み側を交互にオイルラインで結ぶことでロールを制御し、コーナリング中は外輪のサスペンションが縮んでダンパーピストンより縮み側の圧力が高まる。一方、その分内輪のサスペンションが伸びるのでダンパーピストンより伸び側の圧力が高まる。これにより圧力が高まり、この圧力をアキュムレーターで制御することでロール剛性を高めている。一方、直線でブレーキングすると左右両方のフロントダンパーが縮むことになるから、縮み側は高圧、伸び側は低圧となるので差し引きゼロで、ロール剛性が高まることはない。同様の作業がリヤのダンパーでも行われ、車体全体のロール剛性を制御しているのである。そのため、スタビライザーが存在しない。MP4-12CにはリヤサスペンションのみにZ型のトーションバーが取り付けられている。通常のスタビライザーはU型で、コーナリング時にロールを抑える作用をするが、このZ型だとまったく正反対の作用になる。この今までの概念とは正反対ともいえる「プロアクティブ・シャシーコントロール」とそれを支えるカーボンモノセルのバスタブユニット、そして徹底した軽量化こそが、これまで自動車評論家が口を揃えて言うMP4-12Cの想像を絶する乗り心地を実現している根幹となる中心的機構である。

3,800ccのエンジンで625馬力ものパワーを叩き出すツインターボチャージャー搭載ながら、MP4-12Cの究極の目標はダウンサイジングと軽量化にある。デザイナーのステファンソンはカウルの面積を可能な限り小さくすることを目指したというが、そのために採った手法がHVAC（放熱通気システム）をスクラッチから設計し、大幅に小さくすることであった。これによってドライバーがシートに座った時にドライバーの視点から見て一番高い地点がフェンダーの頭頂部になり、それは前輪の中心の真上を指す。これは、自動車教習所で習う基本原則の実践である。そしてこのことは、ドライバーが前後の位置を常に基準として把握でき、車幅感覚をつかみやすいことにつながる。フェラーリ・テスタロッサ系を運転したことがある人間なら分かるであろうが、両サイドからリヤにかけて扇型に末広がりのスタイルでは、車幅感覚がつかみにくく前輪の位置に合わせると駐車の際にどうしても斜めになってしまう。同じように両サイドからリヤにかけて末広がりになっているものの、MP4-12Cにそれがないのはこうした細部に至る計算の賜物である。そしてこれは、マクラーレンF1を設計したゴードン・マーレイの設計思想の根本的な考えでもある。マーレイ（2021:77）[69]は、「私はクルマを設計する際、必ず左右フェンダーの峰が見える形状を第一に心がけています」と言う。そのフロント側のサブフレーム構造は、実際レーシングカーに近いデザインとなっている。フロントフェンダーがポンツーンスタイルで左右に突き出る点はフェラーリのデザインにも通じるが、デイトナSP3の極端に左右に飛び出た巨大なフェンダーと車輛のサイズアップ感とボリュームアップ感は、伝統的に演出過多なフェラーリの中でも特に群を抜き、その小さくないデザイン的魅力を認めるとしても、日常性の操作面では大きなマイナスと捉えられよう。もっともそのデザインの根源はフェラーリ330P4のオマージュなので、前後フェンダーの巨大な出っ張りは機能以前のものではあるが。

前述したMP4-12Cの特徴の一点目であるボディーサイドを絞って車の全幅を可能な限り狭くした結果、センターコンソールが細く設計された。それはドライバーを車両の中心に寄せるための細さである。結果、これが重量配分の点からも功を奏している。この点についても、MP4-12Cに採られた特異な機構が功を奏しているためであり、それは室内空間とドラポジにも少なからず好影響を与えているが、この点についてチーフ・エンジニアのネイル・パターソン（2011:57）[70] は「アルミ製のシャシーとフレームのクルマでは、前輪のホイールアーチ後方にかさばる構造体を置く必要が生じてくるので、ペダルボックスが内側に押し込まれる可能性がでてきます。その一方で、通常はほかの量産車からそのまま転用されてくるヒーター／ベンチレーションシステムもかさばるものなので、これによりシートとステアリングコラムは外側に押し出されます。その結果、かなり深刻な妥協がドライビングポジションに求められることになります。MP4-12Cはコンパクトなカーボン製のホイールアーチ構造体と特製のベンチレーションシステムを使うことで、ペダルボックスとステアリングホイール、そしてシートを完璧に一直線に整列させることができました」と自信を隠そうとはしない。フェラーリデイトナSP3などもセンターコンソールが極細に設計されていて、マクラーレンのこの考えを踏襲していると思われる。もっとも松中（2022）[71] でも述べたが、フェラーリは360モデナ以降車体全体を大きくしてエンジンの搭載位置や乗員の乗車位置を中央寄りにするというきわめて安直な方法を採っている。

この点について同じくゴードン・マーレイ（2021:78）[72] は、「ハンドリングの優れた車は大抵、前後のロールセンターを結ぶ線と質量中心線の高さが一致している。ミッドエンジン車の質量中心線は後方に向かって緩やかにせり上がっていく。前後サスペンションのロールセンターと前後の車軸を貫通する質量中心線の高さが一致しないと、唐突にグリップを失いがちになる。ポルシェ・カレラGTやフェラーリ・テスタロッサが予兆なくオーバーステアに転じる傾向にあるのは、このためである」と述べる。MP4-12Cの前後軸重は600/850でリヤの比重は60％ほどであるが、シャシーの曲げ剛性がきわめて高い。福野礼一郎（2013:65）[73] が指摘するとおり、通常ならここまでロール剛性を高くするとステアリングを切った途端に外輪が突っ張るような荷重移動の不自然さが襲うが、MP4-12Cにはそれが全くない。かといって傾きもしないし、絶妙なバランス感覚で制御してくれる。またステアリングの切れも小蛇角でダイレクトに横力が出るが、おそらくハンドリングの快適さはマクラーレンのモデルの中だけにとどまらず、「スーパーカー」の中でも随一であろうと思われる。同じく福野礼一郎(2013:65)[74] はこのステアリングフィールだけでも車両本体価格の3,000万円の価値があると褒めちぎるが、剛性の高さと安定感は他のどの「スーパーカー」でも実現できないくらいの高次元にある。その操作性の高さについて、西川 淳 (2011:42)[75] は「左右に振ってみると、シャシーと前輪はまるで両腕で抱え込んで一体となっているかのように動いた」、「マクラーレンの良さは前輪と両の手が、後輪と腰とが、それぞれタイトにつながっているという感覚だよね。PHEVになったアルトゥーラでもそこはまるで変わらない」[76] と絶賛する。

またこうした安定性をもたらすためには燃料タンクも重心近くに配置する必要があり、シート後部の中央に位置している。これも、マーレイの思想による。つまり、内燃機関の「スーパーカー」では燃料タンクが満タンから空になるまでに100kg近い重量の変動がある。よって燃料の消費に伴い、ハンドリングの特性が変わってしまう。そうしたハンドリングの特性の変化を最小限に抑えるべく採られた燃料タンクの位置が、ここなのである。つまるところ、エンジンをミッドに搭載する利点は、最大の重量物を車体の中心近くに配置することにある。この合理性の基本原則はEVも同じことで、バッテリーを乗員の真下に配置するのはこのためである。ただしこれも軽量化対策なのか、MP4-12Cの燃料タンクの容量は72.0ℓと、燃料タンクの平均容量がのきなみ100ℓ前後の「スーパーカー」の中では群を抜いて小さいので、頻繁な給油が必要になるのが煩雑ではあるが。

上方排気のマフラーとシート後方中央に設けられた燃料タンク（□が上方排気のマフラー、○が燃料タンク）

8.9 機能性と日常性の融合

マクラーレン社は、F1レースでの活躍だけにとどまらず、スポンサーやサプライヤーとのビジネス関係を構築するのに秀でたメーカーであることでも知られる。MP4-12Cでも、タイヤはピレリ（Pゼロとコルサが純正指定だが、グリップ力でいえばコルサの方が上である）、ブレーキはブレンボ、カーボンモノセルはポルシェ・カレラGTやレッドブルなどのF1マシンにカーボン技術を提供しているカーボテック、リチウムイオンバッテリーはA123、7速トランスミッションはフェラーリ458と同じグラチアーノ社製で、ランボルギーニ・アヴェンタドールの7速シングル電子制御MTも同じメーカーである。

極太のAピラーとそれが弓なりにRを描いてルーフトップを経由しCピラーとなってクォーターガラスを囲み、ウエストエンドに着地する梁となってコックピットの屋上を形成する様もその剛性の高さを物語っており、それに伴い車輌の安定感が一目で分かる部分である。しかしこのAピラーの太さゆえに斜め前方の視界はあまりいいとは言えない。しかしながら、モノセルというCFRPによるシャシー構造は、スーパースポーツカーを制作する上では現状もっとも理想とされる構造であり、ドライバーを取り囲むような構造からフロントウィンドー下部の強度も相当高いことが容易に見て取れる。そしてその恩恵は、走りと操縦性にダイレクトに反映される。この点について、Fox Syndication（相原俊樹訳）(2014:39)[77]は、「あたかも路面をベルベットで覆ったかのような、秀逸な乗り心地は従来通りだ。並の車なら瞬間的に進路を乱されるような場面でも、マクラーレンの車はこともなげにショックを吸収し、なんら修正舵を当てる必要を感じさせない。マクラーレン車の高いシャシー性能は、いかなる状況下でもドライバーをリスキーな状況に追い込むことはない」と感想を述べているが、実際に走らせてみるとこの言葉が虚構ではないことが実感される。ただし、フロントフェンダーとリヤフェンダーはパネルとして乗っかっているだけで、ボディーとしての応力は担っていない。フロントタイヤハウスもラバーの樹脂であり、泥除けの機能しかない。その辺が、ランボルギーニ車のシザーズドアの造りとは根本的に異なっている。この車の応力を担っているのは、全てカーボン製のモノコックバスタブユニット（モノセル）である。基本構造体のモノセルは、それ自体が走行中の全ての応力

日本に1台しかないMP4-12Cの展示用ベアシャシーに乗る筆者

を受け止める設計になっている。極端な言い方をすれば、表皮のボディーなどなくとも、モノセルのカーボンバスタブユニットだけで走行時の応力を全て受け止めて、普通に走れるのである。それは日本に1台しかないMP4-12Cのベアシャシーを見れば一目瞭然である。島下泰久(2012)[78] はこうした機構と車としての特性について、「エンジンを楽しむためにシャシーがあるのがフェラーリだとしたら、マクラーレンはとことん、そのハンドリングを堪能するためのスーパースポーツである。まさにF1での構図と一緒。間違いなくこのカテゴリーに、新しい、魅力的な選択肢が登場したのである」と説明し、山崎元裕（2012）[79] は「(前略) ドライブを始めた直後に感じるのは、CFRP製のモノコックタブ＝モノセルを基本構造体に採用したことによる圧倒的な剛性感と、それが生みだす、マン・マシンの一体感だ。ともかくドライバーの操作＝インプットに対しての、車体の動き＝リアクションが、現在最新モデルとして存在する、さまざまスーパースポーツと比較しても圧倒的なまでに正確なのだ」と解説するが、これはまさしく真実である。大谷達也（2015）[80] は、「こうしたMP4-12Cの方向性は、マクラーレン・グループの総帥であるロン・デニスが定めたものではないのか？私にはそうおもえてならない。完璧主義者のデニスであれば、質の高いスポーツカーで乗り手を楽しませるというあたらしい手法をおもいついたとしても、まったく不思議ではないからだ。それとともに、やはりMP4-12CにはマクラーレンF1チームの哲学が色濃く反映されているのだろう。(中略) そして、それこそがまさにMP4-12Cの本質だとおもう。子供だましの仕掛けはない。F1のデザインを表面的に真似ただけのギミックもない。あるのは、妥協を許さない本質の追求である。そしてそれは、マクラーレンF1チームの思想と軌を一にするものである。そういえば、MP4-12Cの操作系は非常に整然としていて扱いやすい。スペースの使い方も無駄のない効率的なもので、これまでのスポーツカーには見られなかった発想が採用されている。まして、F1のコクピットを真似たものなどひとつもない。けれども、理想のドライビング環境を作り出すその考え方は、本質的な部分でF1のマシンつくりと共通しているようにおもえた。カーボンファイバーをもちいたモノコック、600psを生み出す3.8ℓのV8ツインターボエンジン、シームレスシフトを採用したマクラーレンの7段デュアルクラッチギヤボックス、そして独創的な制御系なども、表面的な物まねではなく、より深い部分でF1カーと結びついている。これこそ、乗用車メーカーには決して真似することのできない、マクラーレンだからこそ実現できるクルマつくりではないのか」とマクラーレンという会社の本質とF1との結び付きを鋭く見抜く。その会社の性質と立ち位置についてAUTOCAR JAPAN編集部（2018）[81] は、「マクラーレンの血筋は、走りだしてすぐに感じられる。クルマの基本姿勢、視界、操作系の重み、運転姿勢そして人間工学的な設計に現れる哲学は、最新の720Sと寸分も変わらない。だから、新しいマクラーレンを経験済みという恵まれたひとでも、12Cは予想以上に馴染みやすいだろう」と感想を述べる。また個人的に思うのは、素材に対する徹底したこだわりである。MP4-12Cのタイヤハウスの素材は基本的に樹脂製だが、オプションでカーボンファイバー製のホイールアーチも用意されている。こんなところまでカーボンファイバーにしているのは、「スーパーカー」の中でもマクラーレン車くらいである。F1レースで勝つための車を造り続けてきた、いかにもマクラーレン社らしい凝り方と言えよう。こういうこだわりが、マクラーレン車のそこかしこに溢れている。ミッドシップの特性についてゴードン・マーレイ(2021:77)[82] は、「RWDによる良好な駆動力は、制動性能にも大変有利に働きます。前輪に荷重が移動することによって、四輪に均一な制動力が伝わりますから。それに全面投影面積を小さくできるので、空力にも好ましい効果をもたらし、さらにヨーモーメントが小さいので動きが俊敏なクルマができるのです。居住空間にプロップシャフトが貫通しないので、空間を有効利用できますし、そもそもシャフトそのものが要らないので重量削減に繋がります」と述べるが、重量、ハンドリング特性、バランスの全てにおいてミッドシップの特性を最大限に生かし、それを市販車レベルで実現した車がMP4-12Cである。

この点については西川 淳 (2012)[83] も、「フラットフィールに終始しながらも、例えばハンドルの切り始めや戻す瞬間におけるノーズの動き、わだちを越えたときの車体の上下動、アクセルペダルから伝わるパワートレインの重量感など、すべての動きに対する手応え・足応え・腰応えが正確かつ素早い。予感と後引きのバランスが、人間の感覚として非常に理にかなったものに感じられるのだ。しかも、それらがすべてバランスよく、ドライバーまで含めたひとつのシステムとして調律されている。これぞ、正真正銘の“人馬一体”感覚というべきだろう」と感動し、「クルマの軽さを、これほど気持ちよく感じることも稀だ。それでいて、恐怖心がない。ロードホールディングとエアロダイナミクスが利いている。(中略) 12Cの真骨頂は、見事に躾けられたハンドリング性能にある。がっしりとしたボディ、よくできたシャシー、そして気の利いた電子制御の賜物で、ただただ愉快のひと言。(中略) こんなミッドシップ後輪駆動のスーパーカーなど、かつて存在しなかった。もう、それだけで“歴史的”である。ハンドリング性能とコンフォートさで、フェラーリ458イタリアを完全に上回っている」[84] と大絶賛する。

ロン・デニスやアンソニー・シェリフの言葉通り、「スーパーカー」の世界に全く新しいスタンダードを作ったのが、MP4-12Cである。「12Cの開発にあたっては、あらゆる項目でスタンダードを塗り替える高性能スポーツカーを生み出すことを目標としました。デザイニングとエンジニアリングを用いて可能なすべてのことを極限まで推し進め、高性能スポーツカーの世界に革新をもたらし、ナンバー1になることが私たちの哲学です。（中略）これはマクラーレンの歴史における、そして英国のハイテク産業のエンジニアリングとマニュファクチュアリングにおける、エキサイティングなエピソードの始まりだと確信しています」[85] というロン・デニスの決意表明の言葉はまさに真実だったことを、その後の歴史が証明している。

8.10 究極のオタクが造った車

こうしたマクラーレン社の機能第一主義の極めつけは、エンブレムの取り付けネジ一本にまで至る。この点についても松中（2022）[86] で紹介した、沢村慎太朗（2015:627-628）[87] の言葉に凝縮される。いわく、「しかし、マクラーレンF1には、見過ごされて放置されたそういう部分は一切ない。必要最小限という言葉はその辞書にない。虫眼鏡で見るような微細なディテールまでのありとあらゆるところが、必要最小限ではなく、不必要最大限に凝っているのである。それは、こだわりなどという常人に用いる単語では表現しきれない。もはやパラノイアの境地とでも言うしかない狂気の域に入っている。そういう風にこのクルマを作ったマーレイの哲学あるいは狂気を、ひっそりと物語っているパーツがある。テールのエンブレムだ。それは金属板を打ち抜いて、そこに車名のロゴを焼付け塗装しただけの、何だか安っぽいものに見える。しかし、それをリアのグリルに固定しているのは、明らかにただの鋼製ではなく、精度もいかにも高そうなヘックスヘッドボルトとナットだった。（中略）そのエンブレムから、こんなゴードン・マーレイのメッセージが聞こえてくる。「見た目の派手さになんの意味がある。目的は機械として最上のレベルに造ること。これは世界最速であり、かつ最良のクルマなのだ」（中略）しかしフェラーリは艶やかな外見で人を惹きつける。マクラーレンF1のエンブレムは、そういうフェラーリに対して無言のうちに見得を切っているのだ。「これは最速であるのみならず、最高の市販車なのだ」と」という言葉は、まさしく的を射ている。

マクラーレン社の、こうした見た目の華美さより機能第一主義の性質は、マクラーレンの車両をデザインしたゴードン・マーレイの次の言葉に集約されていよう。いわく、「現代の「スーパーカー」は、大抵ばかばかしいほど車幅が広すぎます、あんなに広くする必要は全くない。“スタイリスト”連中の責任です。幅広くすれば見た目が良くなるという幻想に彼らは取り憑かれている。あの当時のフェラーリの完成度の悪さときたら目も当てられなかった。テスタロッサなどどこにも見るべきものがない代物でね。F40はビークルダイナミクスの点では傑出していましたが、ボンネットの下のずさんな溶接や、巨大なボルトを使う無神経さには呆れたものです。ポルシェ959には興味深い技術がありましたが、その成り立ちは前後にグラスファイバーパネルを張った911に過ぎません。どれも実際走らせましたが、これはと思うクルマは1台もありませんでした」[88)]と。岡崎五朗（2013）[89)]は、マクラーレン車らしさとMP4-12Cのデザインの特性について、「低い車高と典型的なミッドシップ・プロポーションを併せ持つMP4-12Cのスタイリングは間違いなくスーパーカー的だ。とはいえフェラーリのような妖艶さはないし、ランボルギーニのような獰猛さもない。抜群にスタイリッシュだがアクは決して強くない。プレーンであり、演出めいたところがないという表現を使ってもいい。そういう意味で、スーパーカーとしては若干キャラの弱さを感じないわけではないが、まずはフェラーリにもランボルギーニも似ていないという点を評価するべきだろう。なぜなら、フェラーリのようなマクラーレンや、ランボルギーニのようなマクラーレンを欲しがる人などいないだろうから。そしてときを重ねるごとに、内包する機能をストレートに表現したこのスタイリングが「マクラーレンらしさ」として定着していくはずだ」と説明付けるが、言い得て妙である。西川 淳（2011）[90)]は、「あまりにも“当然すぎる”デザイン。フェラーリのような派手さも、ランボルギーニのような迫力も、無い。ただ、ロータスに代表されるようなイギリスの純スポーツカーらしい、いたって真面目なカタチなのだ」とその本質を見抜く。このことは、吉田拓生（2012:40）[91)]がMP4-12Cのインプレで紹介している、マクラーレン正規ディーラーの野上信雄の「MP4-12Cは究極のオタクが作ったクルマなんです」という言葉にも現れている。ここでのオタクとは、個人的には徹底的な合理主義と理想主義の融合とその追求という意味であろうと解釈している。そのことは、福野礼一郎（2013:70）[92)]の次の言葉に集約されるであろう。いわく、「このクルマはなんというか、企画／設計／生産、すべてがパーフェクトに設計されつくされていて、理想主義的。このクルマをこの値段で売って利益がちゃんと出るように、最初からピンポイントでねらって、ねらい通り作っているんですよ。どこのスーパーカー・メーカーでも、いろんな事情があって思い通りのクルマなんて出来てない。コスト問題だけじゃなくて、例えば過去の製品を引きずっているお客さんの要望でRRの4座しか作れないとか、2社でパッケージとシャシー共有しなきゃいかんとか、エンジン新規開発する設備投資ができないとか、いろいろね。このクルマにはそういうところがない。CFRPとアルミを使い分けたシャシにしても、内外装の設計にしても、回り道もしてないし、逡巡もしてないし、迷いもない。その結果、最小のコストで最大の成果を達成してるんですよ。マクラーレンF1はすべてで最高をめざしたスーパーカー主義的な理想主義だったけど、これは年間1000台2000台作れて、採算もあって、しかも世界最強クラスのパフォーマンスを発揮できるよう、完璧な計算をして作ったという完璧主義ですね」と。「スーパーカー」なんて世間から見たら、造る人間も変人なら売る人間も変人、買う人間はもっと変人なのに、オーナーの私は完璧主義のオタクの変人なんでしょうか？

MP4-12Cは、メーカーが自社開発と主張する一体成型型のカーボンファイバーモノコックボディーに、600ps/600Nm（1年後にはコンピューターをアップデートして625psにパワーアップされた）のパワーを生む完全オリジナル開発のドライサンプ3.8ℓ V8フラットプレーン型DOHCツインターボユニットをミッドシップで搭載し、専用の7速デュアルクラッチ式トランスミッションを組み合わせ、F1用のシミュレーターを駆使して全てがオリジナルで開発された、マクラーレン社初の完全純血なる「スーパーカー」の市販モデルである。スイッチ一つからパワートレイン、カーボンボディーに至るまで他メーカーからの流用を一切避け、全てをゼロからの専用設計とすることで、性能のみならずマクラーレン社の純血と哲学のすべてを注ぎ込んだモデル、それがMP4-12Cである。モノセルにはアルミニウムのサブフレームが溶接ではなくボルト留めされ、内装もスイッチも既製品を一切流用せずに金型を起こして全部新規に造っているので設備投資はものすごく金がかかっているが、手作りみたいな手間のかかることは一切やっていない。サブフレームが溶接ではなくボルト留めの理由も、ロードカーとしてのパフォーマンスに何ら影響なく十二分にパフォーマンス性能が確認されたためであるが、それ以上に万が一の事故の場合にも容易に修復できることをもくろんでのことである。モノセルの頑強さは多くの人間が知るところであり、大クラッシュの全損事故でもびくともしなかったモノセル構造により命拾いした人間の「絶体絶命の事故から、命を救ってくれたマクラーレンのスーパーカー。試乗車は大破【実話】」[93] というネット記事の中で、「このモノセルは、爆弾にも耐えられると言ってもいいくらい丈夫です。マクラーレンの中にいれば、どんなことが起きても生き残れるでしょう」というエンジニアの言葉が紹介されているが、このモノセルはどんな大クラッシュでもサバイバルパーツとして単体としてそれだけで十分再利用が可能である。2015年にネットのニュースで報じられた「【もったいなっ！】マクラーレンMP4-12C、山道でガードレールをくぐるクラッシュ」[94] という記事でも同様のことが述べられているが、カーボンモノセルのこうした頑丈さゆえに、修復性の容易さのメリットを活かす方がコスト面でも作業時間においても有益である。そして単純設計のRTMで製造費を安くあげ、CFRPで衝撃を吸収させ、ぶつかったらモノコックごと交換という、福野礼一郎（3013:69）[95] の言うようにCFRP使い捨て時代に頭を切り替えて時代の先を見据えているのである。それを裏付けるかのように、革シートと革張り部分以外はすべて量産品であり、CFRPもバスタブ構造を熱硬化レジントランスファーモールディング法（RTM）を採用して1個4時間で成形し、製造単価を極限まで下げることに徹している。

MP4-12Cは世界でも類を見ないモノセルと呼ばれる一体型成型を実現し、製造時間を驚異的に短縮することに成功した。92年に発表したF1では1台製造するにあたって3,000時間を要していたが、MP4-12Cのモノセルはわずか4時間しかかからない。高い要求をすべてクリアしながら、生産コストを極めて低く抑えることにも成功した。カーボンシャシーの導入で新車の車両価格が3,000万円を切るというのは、こうした技術革新ゆえに可能となったものである。

8.11 マクラーレン化する「スーパーカー」

現在の「スーパーカー」はすべからくマクラーレン化している、と思う。その最たるものが、ランボルギーニ車である。CFRP（Carbon Fiber Reinforced Plastics）と呼ばれる「炭素繊維強化樹脂」をパーツに用いることは昨今の「スーパーカー」の主流になりつつあるが、驚くべきはコクピットに用いられる、マクラーレン750S で採られたRTM（Resin Transfer Molding）成形法が、ランボルギーニ・アヴェンタドールのモノコックボディーを始め、BMWi3やi8などの一連の「スーパーカー」でも採り入れられる方向にある点である。先に見た、排気管の上方排気も然りである。ドアの開き方もそれまでのランボルギーニ車の代名詞であった垂直に上に跳ね上げるシザーズ・ドアから、マクラーレン車の代名詞であるディヘドラル・ドアの斜め上に開く開き方と同じになっている。この点はエンツォ・フェラーリ以降のフェラーリのスペチアーレ・モデルも同様である。

また、それまでは7連メーターで色んな計器が飛行機のコックピットを彷彿とさせるようにたくさん並んでいるのがかっこいいと思われる風潮にあったのが、スピードメーターを廃止してタコメーターのみを中央に置き、スピードはその右下にデジタルの数字のみで表示するシンプルなメーターパネルのデザインも、ドアノブに配置されたスイッチやサウンドシステムの位置や雰囲気も、アヴェンタドールはMP4-12Cに酷似する。このデザインとレイアウトが現在の主流であるという時代の流れもあるが、それだけマクラーレン車の技術が時代に先んじていたということも否定できない事実であろう。それだけではない。ランボルギーニ車は外観的なデザインの特徴も、マクラーレン車のそれにだんだん似てきている気がする。松中（2022:116-117）[96] の中で360モデナとガヤルドのデザインの類似という点でも述べたが、最新モデルのランボルギーニ・レヴェルトのヘッドライトをセンターで分割するポジション&ウィンカーライトのデザインはじめ全体的なシルエットとエアインテークのデザインと雰囲気は、マクラーレン750Sのそれである。ランボルギーニ社としては、間違いなくシアンFKP37からのデザインだと言い張るだろうが。

しかもウラカンの後継モデルであるテメラリオは、2024年5月段階の報道によると4.0リッターV8ツインターボ+電気モーターとなり、プラグイン・ハイブリッド（PHEV）を採用するという。ランボルギーニ社はV8エンジンにおいては、はるか先を行くフェラーリ社に歴史的にも技術的にも遠く及ばないからガヤルドをV10にしたことは松中（2022:44）[97]でも明かした通りだが、デザインではシアンFKP37の流用ばかり、その機構においては20年近く前のフェラーリ車かマクラーレン車の猿真似で後追いをして、そんなランボルギーニ車を誰が欲しがるだろうか。しかもテメラリオのデザインは、パッと見フェラーリF355とマクラーレン車の雰囲気そのままだし。ランボルギーニ車の売りはその創業当時から、あくまでV12エンジンである。ウルスでV8エンジンを搭載している前例はあるものの、それは「スーパーカー」としての範疇ではなく、あくまで市販向けSUVという立ち位置である。V8エンジンを積んだ「スーパーカー」なら、人はフェラーリ車を買うだろう。

しかしそのマクラーレン車であるが、販売実績の台数はフェラーリ車はおろか、ランボルギーニ車にはるかに及ばないのが実情である。2023年におけるマクラーレン車の日本での売り上げはランボルギーニ車の1/10、フェラーリ車の実に1/100である。生産台数と売り上げ台数含めその希少性は、ツチノコなみに伝説の幻の存在に等しい。逆に言えば、こうした希少性こそが他の「スーパーカー」と差別化を図り、人が持っていないものを欲しがる富裕層の心を刺激するのかもしれないが。しかしその性能は、「スーパーカー」としてのレベルはもちろん、日常の足としての普通車としても耐えうる耐久性を誇る。またフェラーリ車やランボルギーニ車と決定的に異なるのが、マクラーレン車にはモデル内にヒエラルキーが存在しないという点である。

マクラーレン車自体の生産台数も売り上げ台数も少ないが、その中でも特にMP4-12Cは群を抜いて少ない。こうしたMP4-12Cの稀少性も、個人的には好みのポイントである。2013年当時のマクラーレン東京ショールームのセールスアシスタントマネージャー尾崎威一隆氏によれば、スパイダーも含めて年2,000台の生産予定だとのことであったが、MP4-12Cの生産台数は、VINナンバー（車体番号）でも3,500までで、恐らく生産台数は3,000台いかないと思われる。それでも造り過ぎたとぼやかれるフェラーリF40の1300台に比べればはるかに多い数ではあるが。

しかしその台数の少なさが災いしてか、わが国におけるマクラーレン車の認知は極めて低い。フェラーリ車に乗っていた時にも同じような体験をしたが、ランボルギーニ車と一緒に走っていると如実に痛感する。ランボルギーニ車に乗っていると対向車のドライバーや通行人が100%注目するが、フェラーリ車だとその10分の1、マクラーレン車だとさらにその10分の1くらいである。マクラーレン車なんてはなから存在しないかのごとく、ギャラリーの眼中に

FY	McLaren		Ferrari		Lamborghini		Aston Martin	
	登録台数	前年比	登録台数	前年比	登録台数	前年比	登録台数	前年比
2012	62		558		199		176	
2013	94	151.6%	607	108.8%	193	97.0%	212	120.5%
2014	80	85.1%	520	85.7%	207	107.3%	153	72.2%
2015	97	121.3%	682	131.2%	364	175.8%	177	115.7%
2016	191	196.9%	726	106.5%	435	119.5%	226	127.7%
2017	182	95.3%	776	106.9%	492	113.1%	302	133.6%
2018	242	133.0%	786	101.3%	538	109.3%	338	111.9%
2019	336	138.8%	982	124.9%	737	137.0%	287	84.9%
2020	188	56.0%	1045	106.4%	579	78.6%	271	94.4%
2021	189	100.5%	1299	124.3%	461	79.6%	340	125.5%
2022	136	72.0%	1424	109.6%	571	123.9%	349	102.6%
2023								
2012-Total	1797		9405		4776		2831	

JAIAのホームページより

ない。「スーパーカー」の集まりでも、ギャラリーは決まってランボルギーニ車にかけ寄って行く。かろうじてマクラーレン車が注目を浴びる機会があるとすれば、ドアを跳ね上げたときだけである。ただ、私を含め日本人ほどランボルギーニ車、特にカウンタックが好きな民族も珍しいのではなかろうか。カウンタックなんて、ランボルギーニ社の伝説的メカニックであったエドモンド・シクレ（Edmond Ciclet, 1936 − 2023）[98] も告白するように、フランスでは全く人気がなく、フランスにカウンタックの第1号車が入ってきたのは71年にカウンタックが発表されてから4年後の75年であり、街中でようやく見かけるようになったのはそれからさらに10年後だったというくらいで、ここまでカウンタックを特別視し英雄視するのは、日本人だけではなかろうか。

マクラーレン車に乗る理由が運転が楽で、フェラーリ車やランボルギーニ車のようなギラギラしたいかにも「スーパーカー」然とした世界から一線を引き、不必要に目立ってギャラリーが寄ってきたり低レベルな質問をエンドレスに浴びせられるのに飽き飽きして、フェラーリ車やランボルギーニ車ほど目立たず人も無関心で寄り付かず、比較的おとなしめのルックスゆえという部分もあるのだから、それでいいのだけども。

8.12 マクラーレンの正体

本章の最初に、「これほどまでにマクラーレン社の魂とテクノロジーが注入され、その哲学が色濃く反映されたMP4-12Cを市場に投入してきたマクラーレン社の目指す所は明快である。フェラーリ車にもランボルギーニ車にもポルシェ車にもない、唯我独尊の新たな「スーパーカー」の創出と、「スーパーカー」界における第3極としての己の立ち位置の確立である。マクラーレン車が最終的に目指すもの、それはフェラーリ車やランボルギーニ車に代わる、新たな「スーパーカー」のトップブランドの確立に他ならない」と述べた。そして、こうしたマクラーレン社の「スーパーカー」界への進出について、水前寺ジーノ（2013:95）[99]は、「マクラーレンほど新たなスーパーカーを作るのにふさわしいブランドはないであろう。ただし、こと市販車という視点で見れば、やはりフェラーリやランボルギーニに一日の長がある。マクラーレンはさまざまな面でピュアだ。スーパーカーというよりもスポーツカーを思わせる。その点、清濁併せ飲み市販車を作り続けてきたイタリア陣営のほうが演出はうまいと思わざるをえない」と述べるが、確かにその通りだろう。

「スーパーカー」とブランド性については松中（2022）[100]で述べたとおりであるが、岡崎五朗（2013）[101]はマクラーレン社の立ち位置とMP4-12Cの性格について、「誰がなんといおうと、スーパーカーの世界はフェラーリとランボルギーニを中心に回っているのである。（中略）たとえ両雄に肉薄するパフォーマンスを与えたクルマを開発したとしても、ブランドイメージ、あるいはオーラといった部分において、誰もがスーパーカーだと認める存在にはなりきれない。（中略）そんななか、一夜にしてフェラーリやランボルギーニと肩を並べるオーラを身に纏うことに成功したのがマクラーレンMP4-12Cだ。（中略）MP4-12Cを前にしたらフェラーリやランボルギーニのオーナーとてある種の畏敬の念をもたないわけにはいかないだろう。なぜなら、マクラーレンは、スーパーカーをつくるうえでもっとも正当なブランドであるからだ。ブランドとは様々な要素の上に成り立つもの。なかでも絶対に欠かせないのが神話とストーリー性だ。モータースポーツの頂点であるF1でフェラーリ社に次ぐ優勝回数を誇るマクラーレン。そこから送り出されるMP4-12Cに乗るということは、名門中の名門であるマクラーレンF1チームが生みだしてきた数々の栄光を身をもって体験することに他ならない。そのことをよく知っているからこそ、マクラーレンはこの新しいスポーツカーに、歴代のF1マシンと同じMP4というネーミングを与えた」と、これ以上ないと思えるほどの最高の賛辞を送る。西川 淳は「ライバルとは似て非なる方向性を実現してみせた、言うなればフェラーリやランボルギーニと並ぶスーパーカーの第3軸と呼ぶにふさわしいミドシップのスパイダーの誕生だ」[102]、「ライバルとは似て非なる方向性を実現してみせた、言うなればフェラーリやランボルギーニと並ぶスーパーカーの第3軸と呼ぶにふさわしいミドシップ（中略）の誕生だ」[103]と「スーパーカー」界のツートップに対する新たな挑戦者としてその存在の特異性を上げ、清水草一（2013）[104]は「（前略）速さこそ正義、テクノロジーこそ真理と信じる者には、フェラーリのような余計な要素（情熱や官能）を排したマクラーレンから、逆に痺れるような陶酔を得るだろう。同じステージに立つ名門にして、あまりにも対照的な個性。これ以上の好敵手はいまい」と、同じくフェラーリ車に並び凌駕するその存在を認める。

このことを裏付けるかのように、シェリフ（2009:31）[105] は「フェラーリ、ランボルギーニ、ポルシェ、アウディに正面からぶつかり合うつもりはありません。私たちのミッションは、既存のメーカーがまねのできない新しい製品を提供し、損益分岐点をクリアする数を生産できるサスティナブルな企業として定着することにあるのです」と述べるが、既存のメーカーがまねのできない新しい製品がこれまでの既成概念をくつがえす新しい「スーパーカー」を意味していることは明白である。

またマクラーレンのモデルには、フェラーリ車やランボルギーニ車によくあるスペシャル・モデルの乱立がないという点も魅力である。フェラーリ車は同一モデル内にチャレンジ・ストラダーレやピスタなどという、軽量化して馬力を上げたサーキット使用を主目的とする特別モデルが存在する。ランボルギーニ車も同様に、ディアブロSE以降、同一モデル内で無数の限定版を造るのが一種定着しており、V12、V8神話と同様、同一メーカー内、ないしは同一モデル内にヒエラルキーが存在する。ランボルギーニ車だと、ムルシェラゴのスーパーヴェローチェ、40周年アニバーサリーエディションしかり、ガヤルドに至っては2003年に登場した5.0ℓの初期型カタログモデルと、そこからパワーアップして2008年に登場したマイナーチェンジ版のLP560-4、2010年に登場した2WD仕様のLP550-2（LPはエンジンの後方縦置きを意味し、550-2という数字は550馬力の2駆、560-4は560馬力の4駆を意味する）の3つのカタログモデルをベースに置く。そしてそれぞれにオープンのスパイダーモデルを加えることはどのメーカーのどのモデルにも見られることだが、特異なのはこれらのノーマルモデル以外にも、夥しいまでの様々な限定盤や特別版が存在することである。たとえば2005年に250台限定で発表されたSEにはじまり、2006年には185台限定のNera、2007年には100kgの軽量化を謳ったスーパーレジェーラ、2008年には日本15台限定のビアンカ、2009年には2WD仕様のみで250台限定のLP550-2ヴァレンティーノ・バルボーニとスーパートロフェオ、2010年には軽量化とパワーアップの双方を果たしたLP570-4スーパーレジェーラ、同年には時計メーカーとのコラボモデルであるLP570-4ブランパン・エディション、LP570-4スパイダー・ペルフォルマンテ、2011年にはアジア限定モデルのLP560-4ビコローレ、トロフェオカップのレースカーを公道仕様にした150台限定のスーパートロフェオ・ストラダーレ、それにイタリア統一150周年記念のスペシャル・エディションでイタリア国旗の色を模したボディーカラーのLP550-2トリコローレが登場する。2012年には中国市場専用のゴールドエディションと日本市場専用の10台限定のビアンコ・ロッソ、それに加えて軽量化オプションモデルのスーパーレジェーラ・エディツィオーネ・テクニカ（ET）、2013年にはランボルギーニ車創立50周年記念モデルのLP560-2 50thアニヴェルサリオ、さらには同年に登場したトロフェオの進化版にしてガヤルドの最終特別仕様となるLP570-4スクアドラコルセといった具合に、毎年何かしら名前を変えて特別限定モデルをラインナップし、限定車と特別仕様車の花盛りである。これ以外にも、2004年にイタリア警察のパトカーとして採用されたガヤルド・ポリッツィアやガヤルドLP560-4ポリッツィア、2005年のジュネーブ・ショーで60台限定でデビューしたガヤルド・コンセプトSなども入れると、もはや特別感も限定感もないただのカタログモデルと大差ない。正直言って名前を変えて台数を多く売らんとするための販売目論見のためでしかない安直な作戦が前面に押し出されている。しかも一般人にはそれぞれの見分け方はおろか違いも分からないし、仮に分かったとしてもそんな違いに意味もなければ関心もなく、ただ煩雑なだけである。そしてその性能とは裏腹に、見た目はどれも大差ない。モデルごとに徐々にパワーアップして570馬力を謳ってはいるが、それでもノーマルのマクラーレンMP4-12Cの625馬力にはるかに及ばない。それだったらカタログモデルの3つのモデルとそれぞれのオープンのスパイダーモデルだけの方がはるかにすっきりして分かりやすい。正直、この頃のランボルギーニ社は、販売台数の拡大路線で何かに追われるかのように夥しいまでのガヤルドの特別版を製造、販売しており、その様は当時でも狂気であり異様であった。

マクラーレン車にも特別限定モデルは存在するが、同一モデル内にこうした格差のヒエラルキーのような特別モデルは存在しないし、12気筒だ10気筒だ8気筒だと排気量による格差も存在しないので、どのモデルに乗っても引け目を感じない。全てのモデルが唯一無二の、特別な存在感を放っている。その点もフェラーリ車やランボルギーニ車と違い、マクラーレン車のメーカー内で劣等感を感じなくてすむ利点の一つだろう。だから1台限定のアルトゥールカラーなんて設定してもスペチアーレみたいな特別感も限定感もありがたみも感じない。マクラーレン車はその存在自体で唯我独尊の我が道を行けばいい。それが本来の「スーパーカー」の姿なのだから。そして今日のマクラーレン車は、フェラーリ車やランボルギーニ車に勝るとも劣らぬ「スーパーカー」メーカーの地位を確立したと思う。それはこれまで見てきた車造りに対する独自の哲学や、妥協のない徹底した技術のみならず、その「スーパーカー」然としたスタイリングという点でも一般社会での認知度という点でもである。

それは、YouTubeのDon Omar-Danza Kuduro|REMIX|Long Versionのタイトルで見られる、映画Fast & Furious（邦題『ワイルド・スピード』）で起用されている音楽のミュージックプロモーションビデオにも表れてる。この手のクラブダンスミュージック系の音楽プロモーションビデオには、ドバイ辺りを舞台にしたお金持ちのパリピが多くの美女に囲まれてシャンパンパーティーを繰り広げてこの世の楽園を演出し、そこでは豪華クルーザーとハイレグビキニ美女と「スーパーカー」がお決まりである。このプロモーションビデオに出てくる「スー

パーカー」はもちろんフェラーリ車とランボルギーニ車が中心であるが、なんとそれ以上にこのツートップメーカーを押しのけてマクラーレン車がこれでもかというほどオンパレードなのである。ただどれもMP4-12C以降のモデルばかりであるが。ちなみにMP4-12Cが出てくるミュージックビデオは、私の狭い知識で知る限りFlo Rida-Wild Ones ft. Sia [Official Video]だけである。この冒頭部分にシルバーでマクラーレン社のエンブレムが消されたMP4-12Cがちょこっと出てくる。ノリノリの音楽とともに、私の好きなミュージックビデオの一つである。他にもMP4-12Cが出てくるミュージックビデオがあったら、ぜひお教え頂きたい。話をDon Omar-Danza Kuduro | REMIX | Long Versionのミュージックビデオに戻そう。御大フェラーリ車なんて最初にちょこっと出て来るだけで、あとはマクラーレン車かランボルギーニ車のオンパレード。しかもランボルギーニ車お得意の両サイドのドアを跳ね上げげた万歳ポーズを決めているのは、停車中も走行中もマクラーレン車ばかりである。ここでのランボルギーニ車は大人しく、マクラーレン車の独壇場と化している。このことは、マクラーレン車に対する世間の見方と、マクラーレン車が押しも押されもせぬ「スーパーカー」としての地位を獲得したことを如実に物語っているのではなかろうか。実際、マクラーレン車は日本よりも欧米での方が極めてウケがよく、知名度も人気も高い。私のフェラーリ360スパイダーとランボルギーニ・ガヤルドには見向きもしなかった同僚のアメリカ人教員も、MP4-12Cの前では「オーマイガーッ！(Oh my god!)」を連発して腰を抜かすほど感激していた。

マクラーレン車に乗る理由がフェラーリ車やランボルギーニ車ほど毒気がなくて目立たず比較的おとなしめのルックスにあると先述したが、それでも100人に1人くらいの割合で、熱狂的なマクラーレン車ファンがいるのも事実である。ただそういう人でも大体、90年代のF1の

通勤用スクーターの故障やPC操作など、ピンチの時にはスーパーマンなみに助けてくれるOh my god!な同僚のアメリカ人教員と妻

マクラーレン・ホンダの時代で時計の針が止まっており、92年に発表された初の億越え「スーパーカー」となったマクラーレンF1や、2004年に発表されたメルセデス・ベンツSLRマクラーレンの話をすると、「あぁー、そうだった」と思い出しながら遠い過去を見るまなざしで懐かしむ。そして少し事情通になると、「マクラーレン社はF1レースのみで市販車を作っていなかったのでは？」とか「エンジンはBMWとか他メーカーでは？」と多少突っ込んで聞いてくる。本章の最初でも述べたが、MP4-12Cがエンジンからネジ一本に至るまで100%マクラーレン社の自社生産となった初のモデルだということを伝えると、目を丸くして腰を抜かすほど驚くのがお決まりである。それほどまでにマクラーレン社の名前は認知されておらず、ましてやMP4-12Cなどという舌を噛みそうな名前を間違えずにフルネームで言えた人間はこれまでに一人もいなかった。

松中（2022）[106] で「もし貴方がいっぱしの男になりたいのならフェラーリを買うがいい。だが、もし貴方がすでにいっぱしの男であるならば、買うのはランボルギーニだ（You buy a Ferrari when you want to be somebody. You buy a Lamborghini when you are somebody.）」というフランク・シナトラ（Francis Albert “Frank” Sinatra, 1915 – 1998）の言葉を紹介したが、マクラーレン車はその両方を兼ね備えている。この点について笹目二朗（2013）[107] は「このクラスの高性能車の内容からいえば、フェラーリやランボルギーニをライバルと考える人もいるだろう。でも乗ると、まったく違う種類のスポーツカーであることがすぐわかる。（中略）MP4-12Cは、フェラーリを何台も乗り継いできた人や、コレクションとして複数所有する人が、浮気気分で（？）ちょっと他の銘柄も試してみようか……という軽い気持ちで乗るならば、今までとは別の世界を体感できるかもしれない」と述べるが、初心者の入門用にも上級者の玄人用にも、両方のレベルに合わせて不可分なくその要求に応じてくれるのがマクラーレン車である。松中（2022）[108] で「スーパーカー」とは何ぞやという疑問に対する回答としてエンツォ・フェラーリや力道山など各界の人物の言葉を紹介したが、「スーパーカー」の始祖であるランボルギーニ・ミウラと「スーパーカー」の革命児で王様であるランボルギーニ・カウンタックのデザイナーとして名を馳せ、2024年3月に鬼籍に入ってしまわれたマルチェロ・ガンディーニ（Marcello Gandini, 1938 – 2024）の「感情を奮い立たせ、厳選された材料でつくられた、他とは違うものを所有するという考え方、それがスーパーカーです。」（2001:90）[109] という言葉に沿っている点でも、マクラーレン車は「スーパーカー」のセオリーを守っている。ただ唯一異なる点は、万人が扱いやすく快適で乗り手を選ばない、という点だけが「スーパーカー」のセオリーに背いている部分であろう。しかしその性能は、F1マシーンのそれである。

フェラーリ車やランボルギーニ車という「スーパーカー」の登竜門を一通り経験し、いぶし銀の玄人がたどり着くプロ用の「スーパーカー」というのが、現段階までに私が知りえたマクラーレン車の正体である。

引用・参考文献

1） 松中完二. 2022.『フェラーリとランボルギーニ「スーパーカー」の正体』三省堂書店／創英社.
2） AUTOCAR JAPAN編集部. 2011.「McLaren MP 4 -12C THE EXCLUSIVE INSIDE STORY 伝説の第 2 章」p.56. 中西一雄発行／櫻井健一編集. 2011.『AUTOCAR JAPANもっと知りたいマクラーレンのこと』2011年10月号、pp.46-81. ネコ・パブリッシング.
3） McLaren MP 4 -12C THE EXCLUSIVE INSIDE STORY 伝説の第 2 章」p.56. 中西一雄発行／櫻井健一編集. 2011.『AUTOCAR JAPANもっと知りたいマクラーレンのこと』2011年10月号、pp.46-81. ネコ・パブリッシング.
4） 福野礼一郎. 2013.「福野礼一郎の晴れた日にはクルマに乗ろうMclaren MP 4 -12C」p.66. 若狭 衆発行／松山雅美編集. 2013.『特選外車情報 進化するスーパーカー Before After』2013年 4 月号、pp.62-71. KKマガジンボックス.
5）西川 淳. 2011.「驚異の手応え」p.41. 西ヶ谷周二発行／野口 優編集. 2011.『GENROQ 全容解説＝マクラーレンMP 4 -12C』2011年 4 月号、pp.38-49. 三栄書房.
6） 渡辺敏史. 2014.「マクラーレン12Cスパイダー、クーペ同然の走り」『carview』
https://carview.yahoo.co.jp/article/detail/d 9 ac22d212d 0 c41e 3 efca406976f 1 e584dd 0 e22e/
7） AUTOCAR JAPAN編集部. 2011.「McLaren MP 4 -12C THE EXCLUSIVE INSIDE STORY 伝説の第 2 章」p.53. 中西一雄発行／櫻井健一編集. 2011.『AUTOCAR JAPANもっと知りたいマクラーレンのこと』2011年10月号、pp.46-81. ネコ・パブリッシング.
8） 松中完二. 2022.『フェラーリとランボルギーニ「スーパーカー」の正体』三省堂書店／創英社.
9） 笹目二朗. 2013.「マクラーレンMP 4 -12Cスパイダー（MR/ 7 AT） ここから進化が始まる」『webCG』
https://www.webcg.net/articles/-/27970
10） *ibid.*
11） AUTOCAR JAPAN編集部. 2011.「McLaren MP 4 -12C THE EXCLUSIVE INSIDE STORY 伝説の第 2 章」p.57. 中西一雄発行／櫻井健一編集. 2011.『AUTOCAR JAPANもっと知りたいマクラーレンのこと』2011年10月号、pp.46-81. ネコ・パブリッシング.
12） 2023年12月 2 日「すべてが凄すぎる！ 伝説のスーパーカー マクラーレン「F 1 」フロントガラスの交換が高額すぎると話題に」『VAGUE』
https://vague.style/post/18073
13） 西川 淳. 2010.「McLaren MP 4 -12C 勝利への核心。」p.32. 西ヶ谷周二発行／野口 優編集.2010.『GENROQ マクラーレン全容解説』2010年 6 月号、pp.30-41. 三栄書房.
14） 西川 淳. 2011.「驚異の手応え」p.41. 西ヶ谷周二発行／野口 優編集. 2011.『GENROQ 全容解説＝マクラーレンMP 4 -12C』2011年 4 月号、pp.38-49. 三栄書房.
15） 松中完二. 2022.『フェラーリとランボルギーニ「スーパーカー」の正体』三省堂書店／創英社.
16） AUTOCAR JAPAN編集部. 2011.「McLaren MP 4 -12C THE EXCLUSIVE INSIDE STORY 伝説の第 2 章」p.50. 中西一雄発行／櫻井健一編集. 2011.『AUTOCAR JAPANもっと知りたいマク

ラーレンのこと』2011年10月号、pp.46-81. ネコ・パブリッシング.

17) AUTOCAR JAPAN編集部. 2011.「McLaren MP 4 -12C THE EXCLUSIVE INSIDE STORY 伝説の第２章」p.61. 中西一雄発行／櫻井健一編集. 2011.『AUTOCAR JAPANもっと知りたいマクラーレンのこと』2011年10月号、pp.46-81. ネコ・パブリッシング.

18) 西川 淳. 2010.「McLaren MP 4 -12C 勝利への核心。」p.33. 西ヶ谷周二発行／野口 優編集. 2010.『GENROQ マクラーレン全容解説』pp.30-41. 三栄書房.

19) 渡辺敏史. 2015.「MP 4 -12Cとは？ 渡辺敏史が解説｜McLarenMP412C」『OPENERS』
https://openers.jp/car/car_news/21385

20) 西川 淳. 2012. 11月19日「マクラーレンMP 4 -12Cスパイダー（MR/ 7 AT）【海外試乗記】ミドシップスパイダーの新機軸」『webCG』
https://www.webcg.net/articles/-/735

21) Webモーターマガジン編集部. 2021.「マクラーレン MP 4 -12Cは、名門レーシングチームがゼロから創り上げたスーパースポーツだった【10年ひと昔の新車】」『Webモーターマガジン』
https://web.motormagazine.co.jp/_ct/1749095

22) 大谷達也. 2014.「マクラーレン MP 4 -12C スパイダー国内試乗｜McLaren」『OPENERS』
https://openers.jp/car/car_impression/17337

23) 岡崎五朗. 2013.「マクラーレンMP 4 -12C「踏んでいける！」『CARVIEW』
https://carview.yahoo.co.jp/article/detail/3882082c25eb 5 ea996534bf234625ca 3 b29ec 5 d 3 /

24) 中西一雄発行／櫻井健一編集. 2011.「SHOW the FLAG 一対一。禁断のガチンコ対決」p.19.『AUTOCAR JAPAN 拝啓フェラーリ殿』2011年８月号、pp.12-21. ネコ・パブリッシング.

25) AUTOCAR JAPAN編集部. 2011.「McLaren MP 4 -12C THE EXCLUSIVE INSIDE STORY 伝説の第２章」p.57. 中西一雄発行／櫻井健一編集. 2011.『AUTOCAR JAPANもっと知りたいマクラーレンのこと』2011年10月号、pp.46-81. ネコ・パブリッシング.

26) AUTOCAR JAPAN編集部. 2011.「McLaren MP 4 -12C THE EXCLUSIVE INSIDE STORY 伝説の第２章」p.55. 中西一雄発行／櫻井健一編集. 2011.『AUTOCAR JAPANもっと知りたいマクラーレンのこと』2011年10月号、pp.46-81. ネコ・パブリッシング.

27) 嶋田智之. 2014.「PORSCHE 911 TURBO S × McLaren MP 4 -12C SPIDER 歴史に彩られた伝統的なモデルと最先端の技術で生まれた新進気鋭のモデル」中西一雄発行／西山嘉彦編集. 2014.『ROSSO』2014年４月号、pp.36-41. ネコ・パブリッシング.

28) AUTOCAR JAPAN編集部. 2018.「マクラーレンMP 4 -12C「雲の上」ではない？（比較的）お買い得 試乗」『AUTOCAR JAPAN』
https://www.autocar.jp/post/334181/ 6

29) 金子浩久. 2013.「マクラーレン MP 4 -12C【試乗】F 1 マシンの伝統に則って打ち立てたロードゴーイングカーの新基準」『Response』
https://response.jp/article/2013/04/05/195297.htm

30) 島下泰久.2012.「マクラーレンMP 4 -12C（MR/ 7 AT）【海外試乗記】生粋のハンドリングマシン」『webCG』
https://www.webcg.net/articles/-/2825

31) 山崎元裕. 2012.「超インプレ‼ McLaren MP 4 -12C」pp.33-34. 若狭 衆発行／松山雅美編集2012.『特選外車情報 マクラーレンMP 4 -12Cのスーパーカー魂』2012年９月号、pp.30-43. KKマガジンボックス.

32) 中西一雄発行／櫻井健一編集. 2011.「SHOW the FLAG 一対一。禁断のガチンコ対決」p.17『AUTOCAR JAPAN 拝啓フェラーリ殿』2011年8月号、pp.12-21. ネコ・パブリッシング.

33) AUTOCAR JAPAN編集部. 2013.「マクラーレンMP4-12C」『AUTOCAR JAPAN』
https://www.autocar.jp/post/58880

34) 吉田拓生. 2012.「紳士の国の知的な血統 マクラーレンMP4-12Cの日本上陸1号車をサーキットで試す」p.41. 笹本健次発行・編集. 2012.『AUTOCAR JAPAN』2012年8月号、pp.36-41. 天夢人.

35) 清水和夫. 2012.「マクラーレンMP4-12C 名門F1チームの本気印」『CARVIEW』
https://carview.yahoo.co.jp/article/detail/7e2765c80c08d801ea030a31275bf717b45b23ad/

36) CAR GRAPHIC TV. 2018.「#1637メモワール　魔法の乗り心地　マクラーレン12Cの真実」『CAR GRAPHIC TV』
https://www.bs-asahi.co.jp/cgtv/lineup/prg_1637/

37) 大谷達也. 2015.「ロングドライブで体感したMP4-12Cの真価｜McLaren」『OPENERS』
https://openers.jp/car/car_impression/15440

38) 西川 淳. 2011.「マクラーレンMP4-12C（MR/7AT）【海外試乗記】「イタリア」を超えた!?」『web CG』
https://www.webcg.net/articles/-/4690

39) 西川 淳. 2011.「マクラーレン MP4-12C 試乗レポート」『MOTA』
https://autoc-one.jp/report/721614/0002.html

40) 西川 淳. 2012.「マクラーレンMP4-12C（MR/7AT）【海外試乗記】「ミッドシップスパイダーの新機軸」ミドルサルーンに匹敵する乗り心地の良さ」『OPENERS』
https://www.webcg.net/articles/-/735

41) 西川 淳. 2011.「McLaren MP4-12C 新たな伝説へ」p.32. 中西一雄発行／西山嘉彦編集. 2011.『ROSSOランボルギーニの50年の軌跡 反逆の闘牛史』2011年4月号、pp.26-33. ネコ・パブリッシング.

42) 西川 淳. 2012.「"屋根開き"を忘れる新世代、MP4-12Cスパイダー」『All About』.
https://allabout.co.jp/gm/gc/402897/

43) マット・プライヤー. 2014.「中古車対決! アストン・マーティンV12ヴァンテージS vs マクラーレンMP4-12C」『AUTOCAR JAPAN』
https://www.autocar.jp/post/90426

44) 福野礼一郎. 2013.「福野礼一郎の晴れた日にはクルマに乗ろうMcLaren MP4-12C」p.71. 若狭 衆発行／松山雅美編集. 2013.『特選外車情報 進化するスーパーカー Before After』2013年4月号、pp.62-71. KKマガジンボックス.

45) 西川 淳. 2011.「驚異の手応え」p.42. 西ヶ谷周二発行／野口 優編集. 2011.『GENROQ 全容解説＝マクラーレンMP4-12C』2011年4月号、pp.38-49. 三栄書房.

46) 西川 淳. 2011.「【マクラーレン MP4-12C 海外試乗】フェラーリ458を上回った」『Response』
https://response.jp/article/2011/02/15/151918.html

47) 西川 淳. 2012.「2790万円600ps!! マクラーレンMP4-12C超速試乗2012年6月ベストカー「日本で一番マクラーレンに詳しい博士 西川淳のMP4-12Cトリビア」『ベストカー』
https://www.goo-net.com/magazine/contents/purchase/35791/

48） 西川 淳. 2012.「イギリスの伝統を継承したMP 4 -12Cの恐るべき実力」p.18. 中西一雄発行／佐藤考洋編集. 2012.『Tipo 熱いぜ! ブリティッシュ !!』2012年 7 月号、pp.16-21. ネコ・パブリッシング.
49） AUTOCAR JAPAN編集部. 2011.「SHOW the FLAG 一対一。禁断のガチンコ対決」p.18. 中西一雄発行／櫻井健一編集.『AUTOCAR JAPAN 拝啓フェラーリ殿』2011年 8 月号、pp.12-21. ネコ・パブリッシング.
50） Fox Syndication ／相原俊樹訳. 2014.「スポーツカー王者決定戦。」p.39. 西ヶ谷周二発行／野口 優編集. 2014.『GENROQ』2014年 1 月号、pp.36-47. 三栄書房.
51） ENGINE編集部. 2023.「【保存版】ロータスの凄いヤツのようなシャープなハンドリングのマクラーレンと金切り声を上げてブン回る多気筒エンジンのガヤルドの対決！【『エンジン』蔵出しシリーズ／マクラーレン篇】
https://news.yahoo.co.jp/articles/42e25468d 5 eb449592bf 6 efffb 5 d24daecf05a 3 a
52） 吉田拓生. 2012.「紳士の国の知的な血統 マクラーレンMP 4 -12Cの日本上陸 1 号車をサーキットで試す」p.40. 笹本健次発行・編集. 2012.『AUTOCAR JAPAN』2012年 8 月号、pp.36-41. 天夢人.
53） 清水和夫. 2012.「マクラーレンで目指した鳥取砂丘（前篇）」
https://www.youtube.com/watch?v=Ys-Ek 6 XHyM
54） 西川 淳. 2021.「“マクラーレンらしさの結晶”、真の性能は望んだ時に―720Sの真髄を見た」2021年 2 月28日.『GQ Japan』
https://www.gqjapan.jp/cars/gallery/20210228-mclaren-720s-nishikawa
55） 山田弘樹. 2013.「マクラーレンMP 4 -12Cスパイダー（MR/ 7 AT）いつまでもいつまでも」『webCG』
https://www.webcg.net/articles/-/28492
56） 西川 淳. 2011.「驚異の手応え」p.40. 西ヶ谷周二発行／野口 優編集. 2011.『GENROQ 全容解説＝マクラーレンMP 4 -12C』2011年 4 月号、pp.38-49. 三栄書房.
57） 野口 優. 2011.「待望の日本発表。McLaren MP 4 -12C」p.36. 西ヶ谷周二発行／野口 優編集. 2011.『GENROQ 全容解説＝マクラーレンMP 4 -12C』2011年12月号、pp.34-37. 三栄書房.
58） 水野和敏. 2013.「第 3 回マクラーレンMP 4 -12Cスパイダー」『webCG』
https://www.webcg.net/articles/-/28650
59） ENGINE編集部. 2023.「【保存版】ロータスの凄いヤツのようなシャープなハンドリングのマクラーレンと金切り声を上げてブン回る多気筒エンジンのガヤルドの対決！【『エンジン』蔵出しシリーズ／マクラーレン篇】」『ENGINE』
https://engineweb.jp/article/detail/3349426
60） AUTOCAR JAPAN編集部. 2013.「マクラーレンMP 4 -12C」『AUTOCAR JAPAN』
https://www.autocar.jp/post/58880
61） Fox Syndication ／相原俊樹訳. 2014.「スポーツカー王者決定戦。」p.39. 西ヶ谷周二発行／野口 優編集. 2014.『GENROQ マクラーレンP 1 ×ニュル』2014年 1 月号、pp.36-47. 三栄書房.
62） AUTOCAR JAPAN編集部. 2011.「McLaren MP 4 -12C THE EXCLUSIVE INSIDE STORY 伝説の第 2 章」p.51. 中西一雄発行／櫻井健一編集. 2011.『AUTOCAR JAPANもっと知りたいマクラーレンのこと』2011年10月号、pp.46-81. ネコ・パブリッシング.
63） AUTOCAR JAPAN編集部. 2011.「McLaren MP 4 -12C THE EXCLUSIVE INSIDE STORY 伝説の第 2 章」p.50. 中西一雄発行／櫻井健一編集. 2011.『AUTOCAR JAPANもっと知りたいマク

ラーレンのこと』2011年10月号、pp.46-81. ネコ・パブリッシング.
64) AUTOCAR JAPAN編集部. 2011.「McLaren MP 4 -12C THE EXCLUSIVE INSIDE STORY 伝説の第 2 章」p.50. 中西一雄発行／櫻井健一編集. 2011.『AUTOCAR JAPANもっと知りたいマクラーレンのこと』2011年10月号、pp.46-81. ネコ・パブリッシング.
65) Gordon MURRAY（相原俊樹訳）. 2021.「美しいミッドシップの造り方」p.77. 星野邦久発行／永田元輔編集. 2021.『GENROQ 衝撃のフェラーリ296GTB』2021年 9 月号、pp.76-79. 株式会社 三栄.
66) AUTOCAR JAPAN編集部. 2011.「McLaren MP 4 -12C THE EXCLUSIVE INSIDE STORY 伝説の第 2 章」p.59. 中西一雄発行／櫻井健一編集. 2011.『AUTOCAR JAPANもっと知りたいマクラーレンのこと』2011年10月号、pp.46-81. ネコ・パブリッシング.
67) Gordon MURRAY.（相原俊樹訳）. 2021.「美しいミッドシップの造り方」pp.77-78. 星野邦久発行／永田元輔編集. 2021.『GENROQ 衝撃のフェラーリ296GTB』2021年 9 月号、pp.76-79. 株式会社 三栄.
68) 渡辺敏史. 2014.「マクラーレン12Cスパイダー、クーペ同然の走り」『carview』 https://carview.yahoo.co.jp/article/detail/d 9 ac22d212d 0 c41e 3 efca406976f 1 e584dd 0 e22e/
69) Gordon MURRAY.（相原俊樹訳）. 2021.「美しいミッドシップの造り方」p.77. 星野邦久発行／永田元輔編集. 2021.『GENROQ 衝撃のフェラーリ296GTB』2021年 9 月号、pp.76-79. 株式会社 三栄.
70) AUTOCAR JAPAN編集部. 2011.「McLaren MP 4 -12C THE EXCLUSIVE INSIDE STORY 伝説の第 2 章」p.57. 中西一雄発行／櫻井健一編集. 2011.『AUTOCAR JAPANもっと知りたいマクラーレンのこと』2011年10月号、pp.46-81. ネコ・パブリッシング.
71) 松中完二. 2022.『フェラーリとランボルギーニ「スーパーカー」の正体』三省堂書店／創英社.
72) Gordon MURRAY.（相原俊樹訳）. 2021.「美しいミッドシップの造り方」p.78. 星野邦久発行／永田元輔編集. 2021.『GENROQ 衝撃のフェラーリ296GTB』2021年 9 月号、pp.76-79. 株式会社 三栄.
73) 福野礼一郎. 2013.「福野礼一郎の晴れた日にはクルマに乗ろうMclaren MP 4 -12C」p.65. 若狭 衆発行／松山雅美編集. 2013.『特選外車情報 進化するスーパーカー Before After』2013年 4 月号、pp.62-71. KKマガジンボックス.
74) *ibid.*
75) 西川 淳. 2011.「驚異の手応え」p.41. 西ヶ谷周二発行／野口 優編集. 2011.『GENROQ 全容解説＝マクラーレンMP 4 -12C』2011年 4 月号、pp.38-49. 三栄書房.
76) 西川 淳. 2023.10.14. 西川 淳のインスタグラムより。
77) Fox Syndication（相原俊樹訳）. 2014.「スポーツカー王者決定戦。」p.39. 西ヶ谷周二発行／野口優編集. 2014.『GENROQ』2014年 1 月号、pp.36-47. 三栄書房.
78) 島下泰久. 2012.「マクラーレンMP 4 -12C（MR/ 7 AT）【海外試乗記】生粋のハンドリングマシン」『webCG』 https://www.webcg.net/articles/-/2825
79) 山崎元裕. 2012.「マクラーレン MP 4 -12Cスパイダーに海外試乗」『carview』https://carview.yahoo.co.jp/article/detail/f63580df 1 ef 8 fc46c 5 b39c2799bdcd 9 ab 3 dd374a/?page= 2
80) 大谷達也. 2015.「ロングドライブで体感したMP 4 -12Cの真価」『OPENERS』 https://openers.jp/car/car_impression/15440
81) AUTOCAR JAPAN編集部. 2018.「マクラーレンMP 4 -12C 「雲の上」ではない？（比較的）お買い得 試乗」『AUTOCAR JAPAN』

https://www.autocar.jp/post/334181/ 6
82） Gordon MURRAY.（相原俊樹訳）. 2021.「美しいミッドシップの造り方」p.77. 星野邦久発行／永田元輔編集. 2021.『GENROQ 衝撃のフェラーリ296GTB』2021年 9 月号、pp.76-79. 株式会社 三栄.
83） 西川 淳. 2012.マクラーレンMP 4 -12C（MR/ 7 AT）【海外試乗記】「ミッドシップスパイダーの新機軸」ミドルサルーンに匹敵する乗り心地の良さ「OPENERS MP 4 -12C」
https://www.webcg.net/articles/-/735
84） 西川 淳. 2011.「マクラーレン MP 4 -12C 試乗レポート」『MOTA』
https://autoc-one.jp/report/721614/0002.html
85） 西川 淳. 2010.「McLaren MP 4 -12C 勝利への核心。」p.41. 西ヶ谷周二発行／野口 優編集. 2010.『GENROQ マクラーレン全容解説』2010年 6 月号、pp.30-41. 三栄書房.
86） 松中完二. 2022.『フェラーリとランボルギーニ「スーパーカー」の正体』三省堂書店／創英社.
87） 沢村慎太朗. 2015.『「スーパーカー」誕生』文春文庫.
88） 相原俊樹. 2013.「天才の告白 THE GORDON MURRAY'S WAY」pp.73-74. 西ヶ谷周二発行／野口 優編集. 2013.『GENROQ』2013年 1 月号、pp.72-75. 三栄書房.
89） 岡崎五朗. 2013.「マクラーレンMP 4 -12C「踏んでいける！」」『carview』
https://carview.yahoo.co.jp/article/detail/3882082c25eb 5 ea996534bf234625ca 3 b29ec 5 d/
90） 西川 淳. 2011.「マクラーレン MP 4 -12C 試乗レポート」『MOTA』
https://autoc-one.jp/report/721614/0002.html
91） 吉田拓生. 2012.「紳士の国の知的な血統 マクラーレンMP 4 -12Cの日本上陸 1 号車をサーキットで試す」p.40. 笹本健次発行・編集. 2012.『AUTOCAR JAPAN』2012年 8 月号、pp.36-41. 天夢人.
92） 福野礼一郎. 2013.「福野礼一郎の晴れた日にはクルマに乗ろうMcLaren MP 4 -12C」p.70. 若狭 衆発行／松山雅美編集. 2013.『特選外車情報 進化するスーパーカー Before After』2013年 4 月号、pp.62-71. KKマガジンボックス.
93） エスクァイア編集部. 2019.「絶体絶命の事故から、命を救ってくれたマクラーレンのスーパーカー。試乗車は大破【実話】」
https://www.esquire.com/jp/menshealth/wellness/a30329906/mclaren-570s-spider-supercar-crash-safety-saved-my-life/
94）「【もったいなっ！】マクラーレンMP 4 -12C、山道でガードレールをくぐるクラッシュ」『ステレオタイプニューズ』
https://stereo-type.jp/?p=6141
95） 福野礼一郎. 2013.「福野礼一郎の晴れた日にはクルマに乗ろうMcLaren MP 4 -12C」p.69. 若狭 衆発行／松山雅美編集. 2013.『特選外車情報 進化するスーパーカー Before After』2013年 4 月号、pp.62-71. KKマガジンボックス.
96） 松中完二. 2022.『フェラーリとランボルギーニ「スーパーカー」の正体』三省堂書店／創英社.
97） 松中完二. 2022.『フェラーリとランボルギーニ「スーパーカー」の正体』三省堂書店／創英社.
98） 堀出 隼. 2001.「ランボルギーニの名医を訪ねる」若狭駿介発行／若狭 衆編集. 2001.『特選外車情報 ランボルギーニ大全集』2001年 1 月号、pp.92-95. KKマガジンボックス.
99） 水前寺ジーノ. 2013.「ROSSO的GT DISCOVER NIPPON! McLAREN MP 4 -12C×水郷佐原」p.95. 中西一雄発行／西山嘉彦編集. 2013.『ROSSOランボルギーニの50年の軌跡 反逆の闘牛史』2013年 7 月号、pp.90-107. ネコ・パブリッシング.

100）松中完二. 2022.『フェラーリとランボルギーニ「スーパーカー」の正体』三省堂書店／創英社.

101）岡崎五朗. 2013.「マクラーレンMP4-12C「踏んでいける！」」『carview』https://carview.yahoo.co.jp/article/detail/3882082c25eb5ea996534bf234625ca3b29ec5d3/

102）西川 淳. 2012.11.19「マクラーレンMP4-12Cスパイダー（MR/7AT）【海外試乗記】ミドシップスパイダーの新機軸」『webCG』
https://www.webcg.net/articles/-/735

103）西川 淳. 2012.11月19日「マクラーレンMP4-12Cスパイダー（MR/7AT）【海外試乗記】ミドシップスパイダーの新機軸」『webCG』
https://www.webcg.net/articles/-/735

104）清水草一. 2013.3月25日.「跳ね馬の刺客はどんなクルマか？―フェラーリ教の清水草一、マクラーレンMP4-12Cをテストする」GQ JAPAN編集部. 2013.『GQ Cars』
https://www.gqjapan.jp/car/news/20130325/mp412c

105）Fox Syndication.（相原俊樹訳）. 2009.「McLaren MP4-12C“F1”奥義、炸裂。」p.31. 西ヶ谷周二発行／野口 優編集. 2009.『GENROQ 新パワー論。』2009年12月号、pp.26-33. 三栄書房.

106）松中完二. 2022.『フェラーリとランボルギーニ「スーパーカー」の正体』三省堂書店／創英社.

107）笹目二朗. 2013.「マクラーレンMP4-12Cスパイダー（MR/7AT）ここから進化が始まる」『webCG』
https://www.webcg.net/articles/-/27970

108）松中完二. 2022.『フェラーリとランボルギーニ「スーパーカー」の正体』三省堂書店／創英社.

109）マルチェロ・ガンディーニ. 2001.「本誌独占インタビュー マルチェロ・ガンディーニ 時代を超越した不世出の神の手」若狭 衆発行／若狭俊介編集. 2001.『特選外車情報 ランボルギーニ大全集』2001年1月号、pp.82-91. KKマガジンボックス.

第 9 章

「スーパーカー」に市民権を

9.1 「スーパーカー」乗りの大学教員は、ありかなしか?

「スーパーカー」に乗っていると、「スーパーカー」のミーティングに参加した場合でも普通に生活していても、大学教員という仕事柄、それだけで周囲にものすごく驚かれる。これは、私が初めてカウンタックを所有した30年ほど前から今日に至るまで全く変わらない。要は日本社会での「スーパーカー」の扱われ方、見られ方が、30年前と何一つ変わっていないのだ。世代交代もあって、「スーパーカー」オーナーは総じて若い人たちになった。しかし「スーパーカー」に対する世間からの眼は当時のままである。「スーパーカー」のスの字も分からないアイドル気取りの勘違いしたお姉さんがミニスカートはいて太もも出して視聴回数稼ぐ自動車専門ユーチューバーだのインスタグラマーだのの怪しい肩書で動画の再生回数が上がっているのも、キャッキャッはしゃいで実に中身のない薄っぺらな感想を言うだけのレポートも、やり方が変わっただけでやっていることの根本はミクシィの時と何も変わっていない。30年前の当時も、美貌とセクシーさを売りにするような女性自動車ライターなるものは存在した。そういう人たちも総じて年を取り、かつての武器も通用しなくなった。ただ「スーパーカー」、特にランボルギーニ車とそのオーナーに対する色眼鏡と無理解だけは、世代が変わっても不変のままである。「スーパーカー」は相変わらず色物やキワモノ的な扱いで、お堅い職業の真面目な人とは無縁な代物という図式で見られている。

ファブリツィオ・フェラーリ（Fabrizio Ferrari, 生没年不詳）という男をご存知だろうか？モデナ工科大学（Universita degli Studi di Modena e Reggio Emilia）で車の「ボディーワーク・デザイン講座」を担当し、自らもカウンタックを所有する大学教授である。フェラーリという名前でランボルギーニ車を所有しているというだけでも面白いが、私が知る限り、大学教員でカウンタックを所有したのはこのファブリツィオ氏と私だけであろう。その中でも、自動車免許を取得して最初に購入した車がカウンタックというのは、私だけだろう。このことをギネスに申請したが、当然ながら認定されなかった。

「スーパーカー」の世界も学者の世界もものすごく狭い。言葉は悪いが、学者なんて研究バカの世間知らずのオタクの集まりである。そもそも車に興味もなく、運転免許も持たず、オベンキョーのし過ぎでド近眼か老眼で車の運転ができない人間が大多数を占める。ましてや「スーパーカー」なんぞ、UFOなみに都市伝説か興味の遥か圏外である。また先生という立場の人間が乗る車は、カローラかファミリア、最近はプリウスという日本社会の暗黙の決めつけがある。中にはおしゃれに決めてアルファロメオかポルシェに乗るセンセもいるが、それでも結構風当たりがきついのが実情だろう。アルファやポルシェでこれだから、フェラーリやランボルギーニなんか言語道断である。かつて群馬にフェラーリF355に乗っている大学教員がいたが、今も元気に乗り続けておられるだろうか？

想像に難くないだろうが、実際、学者と「スーパーカー」オーナーでは、話がかみ合わないし会話も続かない。学者は“清く、貧しく、美しく”で研究一筋の学究の徒であることが望まれ、貧乏でなければならないという暗黙の不文律、風潮がある。「スーパーカー」は往々にして成金やホスト、芸能人、はては反社の人間といった派手な生活を好む派手な人種の乗り物というレッテルが貼られており、およそ研究者の乗り物としては似つかわしくないとされている。実際、高校の先生も所有するのはカローラかファミリアといった車が暗黙のうちによしとされている。確かに、担任にフェラーリ車やランボルギーニ車で家庭訪問されたら近所の眼も含め、色々嫌がる親御さんの気持ちも分かるけどね。ベンツくらいでも嫌がられるだろうし。家庭訪問はないけど、基本的に大学教員もそれと同じで、「スーパーカー」はおおよそ教育者の乗るにふさわしい車ではないとされる。それに輪をかけて大学の教授様、博士様は崇高で人格的にも素晴らしいはずという勝手な思い込みがある。できれば車すら乗らずに、お茶でもすすりながらNHKの囲碁教室でも見ているのが一番大学教員らしいのかもしれない。

国立の東京大学を頂点とした白い巨塔のヒエラルキーの学者という堅物人間の中で、こういう派手な車に乗っているとそれだけで白い目で見られることは間違いない。前述したように学者がちょっとカッコつけて乗る外車のスポーツカーと言っても、せいぜいアルファロメオかポルシェまでである。昭和のその昔、ＮＨＫの英会話番組の講師をしていた五反田にある清楚でお洒落なイメージの某女子大学のイケメンオジサマ教授がポルシェに乗っていて、それがいかにも都会的なお洒落さんで爽やかなイメージを手伝っていたが、あれがポルシェではなくフェラーリやランボルギーニだったら、果たして同じような効果があっただろうか？お堅いＮＨＫのイメージからかけ離れすぎて、きっと難色を示されたのではなかろうか。しかしそんな連中でも、実際に現車を目の当たりにし、助手席に乗せてこの世のものとは思えない加速を体感させてやると、心のタガが外れて童心に戻ってキャーキャー騒いで喜ぶのが現実である。学者と「スーパーカー」オーナーだけではない。社会には色んな種類の人間と階級で暗黙の棲み分けが出来上がっている。その最たるものが、学者と「スーパーカー」オーナーではないだろうか。この両者は、ベクトルの方向性が正反対なのである。だから学者が「スーパーカー」に乗っているというだけで、「スーパーカー」乗りと学者の双方の人間から、ツチノコを見つけたかのように驚かれる。それは30年近く経った今でも変わらない。

しかしその「スーパーカー」の中にもヒエラルキーが存在する。オーナーあるあるでも述べたが、クラブやツーリングでお山の大将は、大体その車のクラスか車輌の価格で決まる。この点は、ベンツとかの一般大衆車でも同じである。またフェラーリ絶対至上主義とも言うべき、フェラーリ社という御名にひれ伏し感服し、無条件にフェラーリ車を崇拝する信者（世間的にはフェラーリ車愛好家という意味合いで、“フェラリスタ”と呼ぶ）が一定数存在し、フェラーリ車を愛すること自体が尊いことであり、そこに理由などないと一蹴する清水草一氏みたいなティフォシ（イタリア語で熱狂的かつ妄信的ファン、またはアホの意）がいるのも事実であり、こうした人種はランボルギーニ車なんぞは鬼面人を驚かすだけの子供じみた仕掛けだけで、F1で名を馳せた真の走りと速さを求めるフェラーリ車からすれば邪道であり亜流であると見下す傾向がある。その一方で逆に打倒フェラーリ主義を掲げ、アンチフェラーリの“ランボルギーニスト（こんな言葉は存在しないし使ったことも聞いたこともないが）”とも言うべくランボルギーニ絶対主義者がいるのもまた事実である。個人的には、私はどちらでもない。いいものはいい、ダメなものはダメ、感性として好きなものは好きというスタンスなので、フェラーリ車もランボルギーニ車も同じ台数、同じ比率で乗ってきた。しかし自動車免許を取って最初に買った車がカウンタックという枕詞のインパクトがあまりに強かったのか、私のことを「松中＝ランボルギーニ」または「松中＝カウンタック」という図式で見る人が圧倒的に多い。いや、それだけであると言ってもいい。まぁ、確かに最初の頃はカウンタックバカだったし、今でもその一途な気持ちは変わらないけど。だから私はそうした色眼鏡へのささやかな反抗として、フェラーリロゴの文字の刺繍が入ったスマホのストラップを首から下げ、いろんなところでユーザー名はフェラーリ伯爵と名乗っている。実はこのフェラーリという名前、フェラーリ車ではなく先に紹介したカウンタック乗りの大学教授、ファブリツィオ・フェラーリ氏に敬意を表したものなのであるが。私がこの四半世紀近くを「スーパーカー」に乗り続け、戦ってきたのはこうした社会の偏見と職種の垣根である。しかし四半世紀が経った現在でも、日本における「スーパーカー」を取り巻く環境はいまだに全く進歩も変化もない。

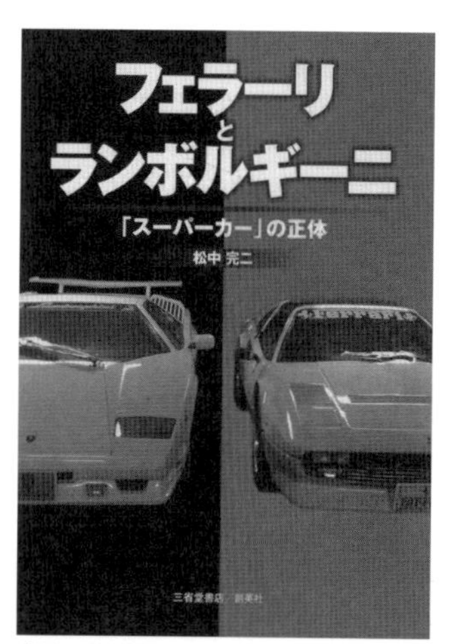

背景の赤と黒の色にも意味があるのだよ

前書『フェラーリとランボルギーニ「スーパーカー」の正体』を上梓した際、元教え子で現在は大学教員の女性が赤と黒で色分けされた表紙を見たとたん、「相変わらず派手ですね」という表面だけしか見ない薄っぺらいコメントにガッカリしたことがある。あの赤と黒という色にも意味があるのは前書でも説明済みであり、勘のいい方ならこの赤と黒が何を意味し、この「スーパーカー」メーカーとどう繋がりがあるかすぐにピーンとくるだろうが、往々にして「ただ派手」という見た目の表面的な感想しか抱かないのが一般人の反応だろう。ちなみに本書のカバーの黒と金文字、帯の黄色、また見返し（カバーめくって最初の色紙）がオレンジ色なのにも意味がある。決して読売ジャイアンツや阪神タイガースファンを表しているのではない。

この色だけで、本書がどのメーカーを扱っているか暗号のごとく暗黙のメッセージを送っているのである。黄色はフェラーリ社の、黒と金色はランボルギーニ社の、そしてオレンジ色はマクラーレン社のコーポレートカラーだということは、察しのいい方、多少でも「スーパーカー」に造詣の深い方ならピーンと来るであろう。それなら前書の表紙も赤と黒ではなく黄と黒にすべきだろうと指摘を受けそうだが、この指摘をした人は鋭い。ここから先は私の勝手なこだわりなのだが、前書にも書いた通り、私はフェラーリ車は同社のコーポレートカラーのイエローにしか乗ってこなかった。表紙の308も黄色である。いったんは背景色を黒と黄で作ってみたのだが、黄色の車の背景が同じく黄色だと車の輪郭がぼやけてしまうし、それこそ黒と黄色で阪神タイガースの宣伝本みたいになってしまったため、フェラーリ車の代表色でカーレースでイタリアの国の色でもある赤にしたところ黒とのコントラストで迫力があってばっちり決まったので、赤と黒になった次第である。もっとも「スーパーカー」に大して興味のない人は、「派手」という感想に代表されるように私の本にそこまで興味なんかないでしょうけどね。ただ一般論としては、逐一幼稚園児なみに説明しないといけない、理解力が低く察しの悪い日本人が増えたのは確かである。それは若者の読書量の少なさと、それに起因する本というのがどういうものでそれがどんな内容を扱っており何を伝えたいかが分かっていない、行間を読めないところに一因があると思う。

2023年9月のネット記事に「【写真特集】スーパーカーが集結、大山ドリームカーフェスタ」とあるように、昨今では「スーパーカー」を町おこしのイベントや客集めの材料に使うことが少なくない。ただ問題は、見せる側だけでなく見る側の意識にもある。大学の文化祭でカーイベントを開催し「スーパーカー」を集めた時も、それを知った国の某研究所の秘書の女性から「皆さん、自分で楽しむだけでなく「見せたい」という気持ちも強くていらっしゃるようですね」という反応だった。ここが肝心なのだが、ウラカンごときで有頂天になるような「スーパーカー」を買ったばかりのおめでたい新米ならそういう見栄や自慢もあるだろうし私にもそういう時期があったのも確かだが、30年も乗っていれば私含めて他のオーナーも見せたいというより車を通じて何か社会貢献が出来ないかとボランティア精神で出してくれる人が多く、見る側の意識が色眼鏡だったりひねくれていたりで、この点でも日本は車文化が未だ未成熟なのである。だからこそスーパーカー文化伝道師みたいな一種変な義務感と使命感で、私が今日まで「スーパーカー」に乗っている理由もそこにあるのだが。「スーパーカー」に対する世間の見方は、日本で戦後に自動車が珍しい時代だった頃から何一つ変わっていない。理由は簡単。「スーパーカー」が戦後の自動車なみに流通台数が少なく、一般市民に普及していないから。ただ「スーパーカー」は、希少性と高額さゆえに普及するはずもなければその必要もない。色んな意味で孤高の存在で高嶺の花であるからこそ「スーパーカー」なのだし。しかしまあ、繰り返しになるが日本における「スーパーカー」を取り巻く環境も「スーパーカー」に対する偏見も、ましてや「スーパーカー」に対する無理解と無知も、私がカウンタックを買った30年ほど前から何一つ変わっていないのは、どういうことか。ネットが発達して便利になったはずの世の中であるが、それを使う側の人間の精神面や心理面が変化していないのだから何も変わりようがないし、逆に便利すぎて不便で息苦しい世の中になっている気がする。また、「スーパーカー」の派手ないでたちから冠婚葬祭の葬の場には絶対に乗って行けないし、「スーパーカー」で帰省する時に私の実家の母がいつも遠回しに私に「こがん派手な車よりか、できれば黒か方の普通の車（ベンツのこと）で来た方がよか」と言うように、悪目立ちするのが恥ずかしいし、何かあったら困るし、近所から後ろ指さされるしで、乗ってこられる方も内心迷惑千万というのが本音であろう。だから「スーパーカー」で行ける場は、必然的に「スーパーカー」に特化した何かのイベントか、ハレの場に限られる。踊る阿呆に見る阿呆ではないけれど、「スーパーカー」はやはりその華やかさゆえに周りに騒がれてなんぼで、ギャラリーがいて初めて成立する構図でもあるのは否定できない事実である。

やれネット社会だなんだと騒いでいても、人間の本質なんてシェイクスピアの時代からそんなに変わっているとも思えない。大学教員がネクラな屈折したオタクの変人が住み着く世界であることも変わらない一方で、大学教員を取り巻く一般社会も変わらないままである。大学教員は、浮世離れした上級国民で、暇を持て余した金持ち道楽人か、世間知らずの視界の狭いオタクとしか見られていない。大学は今でも、暇と金を持て余した天上人の楽園だと思われている。80歳前後のミイラ化したかつての教授連中も、甘い汁を吸っていた頃の過去の感覚でしかものを言わないし、現在の大学の実態はおろか若者の生態など知るよしもない。また同じ大学教員でも30代の若手教員は“2007年問題”を経験していないし、当時日本の約半数の私大が定員割れを起こして大学の閉学が相次ぎ、そこで私たちがどういう苦労をしたかを知らない。還暦間近の私から見れば、30代の大学教員も今のZ世代と称される学生も同じ性質の人種にしか見えないし、ジェネレーション・ギャップはいつの世でも同じだろうが、ネット社会の意味のないいびつな空間も、ミクシィからインスタまで何も変わっていない。インスタでいいねのハートマークを貰って何が楽しいのだろうか？「ロボコン」がガンツ先生からハートマークのシールを貰って喜んでいるのと、本質的に何か違いがあるのだろうか。ハイテクを使いながら、基本的に昭和レベルの承認欲求むき出しのままである。かくいう私自身も、四半世紀近くが過ぎた今でも当時と同じような車に乗って、同じようなことをしているという悲しい現実。

世の中バカなのよ（よのなかばかなのよ）

2000年11月

2023年5月

9.2 たかが「スーパーカー」、されど「スーパーカー」

「スーパーカー」を通じて夢を与え、人助けや社会貢献、後進の育成に何かできないだろうかと常に考えてきた。学問への興味や子供の頃の素直な気持ちを忘れていく学生ばかりを目にする中で、学生が無条件に目を輝かせる道具として、彼らが何かにひたむきになれるきっかけを「スーパーカー」に求め、それで学生に喜んでもらおうという意識が常に根底にあった。だからこそ、事務方はじめ周囲から陰口も文句も言われながらも道化となってたった一人で大学祭で「スーパーカー」ショーを開催し、キラキラした瞳で純粋に喜ぶ学生や子供たちの笑顔を見られればそれで満足だった。それがようやく2023年の大学祭で、少しだけ花開いた。2023年、それまで頑なに拒否され続けた「スーパーカー」イベントが、一転許可されたのだ。それからの大学事務の動きは目を見張るほど速かった。嫌な顔一つしないで私の指示通りに的確に動いてくれ、「スーパーカー」なんぞという特殊な車両の出入りに困難がないようにグラウンドへの出入り口の陥没した凸凹道をコンクリートで埋めて舗装してくれたり、エンジン搭載位置が低い「スーパーカー」はエンジン熱で枯草に着火して車輛火災に発展する恐れがあるためグラウンドの枯れ草もきれいに刈り取ってくれたり、グラウンド入り口の段差にもゴムマットを敷いてくれたりと、至れり尽くせりの対応だった。山が動いた瞬間だった。「スーパーカー」なんていかがわしい車、大学祭に相応しくないと考える向きが少なくない中、25台（仕事の関係でトヨタ2000GTが1台だけ遅れてきたため、写真に写っているのは24台）もの「スーパーカー」の入場を許してくれた久留米工業大学の懐の深さには感謝しかない。同大学

2023年以前までの久留米工業大学の大学祭での、たった一台だけの「スーパーカー」ショー

種を撒き続けて約10年、ようやく少し芽が出た2023年の久留米工業大学第46回愁華祭での第1回SUGO CAR×YOKA BIKE SHOW

宴の後に、愁華祭実行委員長の浜浦君（前列右）と教え子のお手伝い学生（後列左から久保さん、久保田さん、功能君）とともに

の第46回愁華祭で第1回SUGO CAR × YOKA BIKE SHOWと銘打ったカーイベントが開催され、盛況のうちに幕を閉じた。あとは学生主体で今後につなげていってくれたらと願う。

私のささやかな夢が結実するまで、今の勤務先大学に移ってから実に10年もの歳月を要した。なんのことはない。博士論文や研究論文をまとめ上げる学問の結実と同じではないか。種を植えたら、欠かさず水をあげないと人も花も育たない。学問も文化も同じ。教育は国家百年の大計である。

口はばったいが、医者や会社社長などの社会的地位のある人間が、日陰者のようにこっそり隠れて「スーパーカー」に乗っている現状は実に多い。私の周りにも地元では決して乗らず、車も家族にも誰にも教えず秘密裏に、二駅離れたマンションの地下駐車場にこっそり隠し持っている会社経営者や医者が何人もいる。そりゃそうだろう。そんな車をブイブイ乗り回していたら、周囲から何色の色眼鏡で見られるか分かったもんじゃない。前書『フェラーリとランボルギーニ「スーパーカー」の正体』でも引用したが、福野礼一郎（2002:106-107）はこうした「スーパーカー」の精神的なハードルに対して、「口先でペラペラくっちゃべってるのとフェラーリの新車を本当に買うこととの間にはカネの話ではなく、精神として100光年の隔たりがあるんですよ。1600万でAMGポンと買える人にだってフェラーリ買う決心はつかないと思うね。2人しか乗れない。うるさい。乗り心地悪い。目立つ。友人にも親にもご近所にも税務署にも冷たい目で見られる。日本はね、こういうクルマぶっ転がして得意になっていられるほど自由な社会じゃないですよ。ガキならまだしも分別のある大人だったらこんなクルマ買えないですよ。クルマが手に入る代わりにいろんなものを失うんだから。」（福野礼一郎. 2002.「福野礼一郎のTOKYO中古車研究所TM VOL.55 元オーナーの360座談 買って乗って分かったこと」若狭 衆編集／若狭駿介発行. 2002.『くるまにあ Ferrari 360 modena実用百科』2002年10月号、pp.91-107. KKマガジンボックス.）という言葉は、本当にその通りだと痛感する。「スーパーカー」は背水の陣を敷いて買わなければならない車であり、これまでの生傷の絶えない生き方から、私が「スーパーカー」を求めたのはある種の必然だったとさえ思える。幸い、「スーパーカー」に乗ってきたこの30年間、私はそういう白い目で見られることは全くなかった（と思う）。ただあるとすれば、フェラーリに乗り換える時に「あなたはフェラーリよりランボルギーニの方が似合うよ」とか「えー、フェラーリなんてチャラけた軟派な車、やめときなよ」と言われたくらいである。まぁ、腹の中ではどう思われているか分からないけど。そして私がそれまで30年近くにわたって住み慣れた東京から故郷の九州に帰った2012年当時、スーパーカーの新時代を告げたのは、「【保存版】ロータスの凄いヤツのようなシャープなハンドリングのマクラーレンと金切り声を上げてブン回る多気筒エンジンのガヤルドの対決！【『エンジン』蔵出しシリーズ／マクラーレン篇】」という記事にもあるように、ランボルギーニ車とマクラーレン車だった。そんな私が後年ランボルギーニ・ガヤルドに乗り、それからマクラーレンMP4-12Cに鞍替えするのは、庶民日本代表を標榜し「スーパーカーバカ一代」を自認する私に運命づけられた、ある種必然的結果だったのかもしれない。

事実、こうした日本社会の「スーパーカー」に対するやっかみやひがみとも思えるような扱いは枚挙にいとまがない。大学教員なんて人種は、基本的にネクラで陰湿な精神のひん曲がった貧乏性のしみったれたオタクであり、日本人のあしき村社会の縮図の最たるものである。私自身の経験でも「スーパーカー」に乗っているということが判明したとたんに、それまでの態度から一転してびっくりするような手のひら返しで村八分にされ、冷や飯を喰わされた経験が何度もある。またその最たるものが、ニュース報道での表現である。プリ●スの話で前述したように、「スーパーカー」やマセラティなどが事故を起こしたり何か問題を起こすと、ニュース報道で決まって「イタリアの高級スポーツカー、フェラーリが…」とか「高級外車のマセラティが…」とかの枕詞を付けるが、公平な立場で報道する側がこうした偏重報道と主観的な表現を用いることは実に問題だし、すぐにやめてもらいたいと思う。その根底には「ザマーミロ」というひがみ根性が透けて見えて、印象操作して国民感情に巣食う反感を煽っているのが丸見えである。そうでなければ、「庶民用の一般車のト●タプ●ウスが…」とか「貧乏人用の●イハツの軽自動車が…」などと、問題を起こした車両をメーカー名や車名を出して、そこに同じように分け隔てなく主観的な形容詞を添えてほしい。それが公平な報道のあり方というものだろう。しかし現実はそうはならない。これが日本社会の「スーパーカー」や欧州車に対する扱いなのだ。だからこそ、そうした偏見と偏重を打ち破るためにも、ドラゴン桜の「バカとブスほど東大に行け!」ではないが、あえて言おう。「聖人君子ほど「スーパーカー」に乗れ!」と。かといってお金持ち臭プンプンの上級ハイソな人間も個人的には合わないし、いけ好かないけど。

しかしまぁ私みたいにドブの中でも前のめりの精神で、雑草の荒れ野原の獣道の研究者人生を匍匐前進で進んで来た人間と違って、お茶でもすすりながら日なたでほのぼのと将棋でも指しているやんごとなき大学教員は、「スーパーカー」なんぞヤサぐれた車に乗らなくても十分満たされている人が多いんでしょうね。

9.3 たかが研究者、されど研究者

昨今の大学教員の実態は、コロナで医療崩壊してテンヤワンヤだった時の医療従事者と勝る

とも劣らぬような惨状である。大学教員も、研究者からただの使い捨てのコマになり果てた。教員のメールアドレスを学生に公開するのもよくないと思う。学生はラインのお友達感覚で、時間を気にせずいつでも連絡していいと思っており、深夜3時や早朝5時でも平気でメールが来る。中にはメールのやり方を教えてほしいとメールで聞いてくる猛者もいる。大学教員は今や24時間365日のコンビニなみの扱いであり、何でも屋のよろず相談係である。教員に学生が直接メールできるせいで24時間曜日を問わず、学生からの子供電話相談室なみの質問と話し相手をさせられる。特にコロナ禍でのリモート授業の時はひどかった。これが嫌で、さらに大学ごとに異なるリモート授業のプラットフォームの操作が面倒で使いこなせず、大学教員を辞めた高齢の先生も少なからずいた。しかもメールをしてくるのは、大体が授業中にあおむけになって昼寝してたり、毎回教科書を持ってこなかったり課題を提出しなかったり、授業中にずっとおしゃべりしていて到底授業参加とは認められないような問題学生で、出席状況も受講態度もよくないし、もちろん試験の点数も合格点に遠く及ばない、大学入学以前に家庭のしつけがまるでなっていない幼稚園児なみの学生である。こういう学生が単位を落として学期終了後に単位をくれと泣きついてくるか、何で落とされたんだと文句を言ってくる言語道断の個人的メールばかりで、授業の内容についての質問メールなんて来たためしがない。幸い私がお世話になっている大学では、私の授業には受講人数に30人までといった上限を設けさせてもらえ、さらにはそこから抽選で受講生が決定されるため受講生にこのような不届き者は見られなかったが、誰も持ちたがらないような問題児ばかりを補助金目当てで数多く入れ、そういう輩で構成される底辺クラスを無理矢理非常勤講師に押し付ける大学ではこのような事例ばかりである。単位取得できなかった理由は、試験の成績を見て自分の胸に手を当てて考えれば自分が一番よく分かっているだろうに、いちゃもんを付ければ教員がビビッてあわよくば単位を出してくれるかもという甘い考えがあるのだ。要は、しつけを身につけないまま大学に入って誰からも注意されないまま精神年齢が幼児のままで大学生になってそれでまかり通ってきたからつけ上り、大学も教員も舐め切っている。迷惑系ユーチューバーに代表されるように、昨今はこの手の人種が増えてきた。これからの大学教員はこういう理不尽なクレーマー学生を相手にして裁判も辞さない覚悟が必要になるだろうし、何なら裁判の証拠資料用に各教室に防犯カメラを設置して学生の受講態度を毎授業記録するといいと思う。そうすれば教員による暴言などの問題行動も同時に記録されて、その教員の授業の仕方や熱意も分かるし、学生、教員の双方にとっていいことづくめだと思うのだが。予算の関係などで、実現は無理でしょうね。

かたやその大学教員であるが、教員公募には博士号取得者が望ましいと明記されていても、博士号は「足の裏の米粒」と言われるように取らないと気持ち悪いが、取っても食えないし、専任職に付いたら大学の飼い犬としての雑用しかなく、研究する時間もエネルギーもすべて吸い取られると思った方がいい。世間的にまずいので表面的には公募の形を取ってはいても、その実中身は出来レースばかりの大学教員のブラックな密室採用システム、人件費を安くあげるための有期雇用ばかり。文字通り血の滲む思いをして、実際に血ヘドを吐いて研究業績と先の見えないトンネルの中で非常勤講師という経験を積み上げ、大学の専任教員の座をつかみ取るわけであるが、その過程は鷲田小弥太『大学教授になる方法』（青弓社）の時から全く変わっていない。その採用システムは極めてブラックで密室の中で決まるのも櫻田大造『大学教員採用・人事のカラクリ』（中公新書ラクレ）など、大学問題を扱った書物で詳しいのでそちらに譲るが、大学という象牙の塔は十年一日でこの当時から何も変わっていない。一方で、大学を取り巻く環境は大きく変化した。特に大きいのは"2007年問題"と称される2007年に始まった18歳人口の激減による"大学全入時代"と、私大の半数近くが直面している"定員割れ問題"である。そのような状況の中で、大学教員に求められる姿も専門性から、今やありとあらゆる学生に対処するカウンセラー、昼休みに校内清掃の清掃婦まで多岐にわたる。

しかしそれと同じくらい大学教員側にも責任の一端はある。大学教員は社会性のない変人が多いが、ここ何年かは酔っ払ってタクシーに蹴りを入れ器物破損で逮捕されたり、3,000円ほどのスカーフを盗んで逮捕されたり、挙句の果てには卒業式で教授が准教授の胸ぐら掴んで参列者の前で殴りかかったりと、国立大学とは思えないエキサイティングで血沸き肉躍る事件がテンコ盛りである。また研究の流行にも節操がない。私が大学院生だった頃は国際と名の付く研究分野が流行り、その後はバイオ、次いで子供教育が大流行であった。小学校での英語教育の導入が話題になった時は小学生への英語教育流行りで、大した研究業績もない権力大好きな大学教員が地方の何たら教育委員会という肩書きだけの重役に名を連ねて大威張りの時期があったし、それは今も続いている。かたや大学生の学力低下が叫ばれると今度は猫も杓子もリメディアル教育へと舵を切り、烏合の衆の様相を呈している。その実リメディアル教育なんて名ばかりで、会員は名前を聞いたことすらない大学の教員の寄り集まりで構成される金太郎飴の集団である。その人たちが所属する大学の取り組みやカリキュラムを紹介されても、そんなの何の役に立ちますか？そんな授業報告を研究業績にするなよ、みっともない。この20年来雨後のタケノコのように増えたなんたら教育学会という教育を銘打った学会での研究発表は、研究発表に値しない授業紹介ばかりである。今までで一番ひどかった研究発表が、某大学の女性非常勤講師の2件の発表である。1件は小学生でもできるネットでのキーワード検索方法を延々と紹介したもの、もう1件はAI時代という最先端の話題に乗っかって「学生から「英語の教員もこれからはAIに取って代わられて先生の仕事無くなるからもう首切られるね」と言われちゃいましたぁ、テヘペロ」みたいな小学生の青少年の主張以下の発表で、あまりのひどさに気絶しそうになった。これ、「人の心配する暇があったら、ちゃんと就職できるか自分の心配しろ!」と怒るべき案件だろ。この女性非常勤講師、こんな発表でも研究業績の一つに入れるんだろうなあ。デコトラ風改造ランボとドラえもん号ステッカーランボと同じくらい、低知能と恥知らずにもほどがある。そんな学会であるが、何のためにあるのか？それは発表者がステップアップのために自分を売り込むマーケティングと教科書出版社などのリクルーティングのためである。発表内容がレベルの高い大学教員の目に留まって、その大学で非常勤のお声がかからないか、あわよくば専任教員への道が開けないかと蜘蛛の糸を手繰るチャンスであり、場合によっては教科書出版社の編集の人間から教科書や本の刊行の打診がかかることもある。発表者がものすごく優秀な人間か、あるいは逆に問題のある人間の場合には、その素性を見るために学会の運営委員側の人間が潜り込むこともある。言ってみれば、甲子園での高校球児とプロ野球の球団スカウトの関係と似たようなものである。私自身も査読委員という運営委員側にいた時は、一般聴衆のふりをして潜り込んでいた。

大学非常勤講師の悲哀については竹添敦子『控室の日々』(灌木同人詩叢書)で詳しいが、大学教育現場と教員の待遇は現在もこの当時からほとんど変わっていない。要は、代わりの要員は履いて捨てるほどいる使い捨てのコマである。学校の教員は“定額使い放題”と揶揄されるほど、給料が安い割に雑用が多い超の付くブラック産業であることが問題視されて久しい。労多くして益少なしどころか、損しかないのが教員という仕事である。大学教員が世間からどういう目で見られているかは知らないが、変人と暇人と思われていることだけは間違いない。しかしそういう大学教員であるが、一皮むけば実に多士済々で多才、多芸の人間が多いのも事実である。博士号の取得のために、日々血の滲むような研鑽を積んできて、学問の峰を極めた達人である。少数精鋭の変人と言ってもいいかもしれない。だから大学院に入学することを“入院”と呼ぶ。大学院の世界は今でも徒弟制で、色んな芸事の世界と通じる。指導教授の言葉は絶対であり、大学院の博士課程に進学することは、達磨大師とその高弟の慧可(けいか)の「二祖断臂(にそだんぴ)」にも通じる。達磨大師は釈尊の高低の一人である摩訶迦葉(まかかしょう)から数えて28代目に当たり、禅の始祖とされ日本でもダルマさんで知られる。達磨大師は、南インドの香至(かし)国の第2王子という何不自由ない高い身分に生まれながら難行苦行を重ね、60歳を過ぎてから3年かけて中国にたどり着き、梁の武帝に丁重に迎えられながらもそれを辞し、辺鄙な河南省の山奥の嵩山(すうざん)にある少林寺に入り“面壁九年”の苦行を求めたことで知られる。達磨大師のこうした気性の激しさはその高弟の慧可にも受け継がれ、慧可は達磨大師に弟子入りすることを願ったが、無言のまま門前払いを食わされる。それでも入門を諦めない慧可は、数十日間寺前の大地に坐り続けた。しかしそれでも入門を許されないため、懐中から護身用の短刀を取り出し、自らの左腕を臂(ひじ)からスパッと切り落とし、切り落とした血まみれの腕を差し出して入門を許されるという逸話であり、これが有名な「二祖断臂(にそだんぴ)」の挿話である。大学院への“入院”の精神もこれに近い。

2023年12月23日のネット記事で、「尾木ママ尾木直樹さん「学校をブラック職場にしてはなりません」精神疾患で休職の教員が過去最多「お金も人ももっともっと投入すべきでは？」と報じられているが、いまや学校教育は「教育」ではなく「サービス業」であり、教員は24時間365日営業のコンビニ代わりである。小、中学校の教員ほどではないかもしれないが、休みがちの学生の自宅に電話連絡して出席を促したり、業務時間以外に学生のメール相談に乗ったり、病をかかえた学生のカウンセラー役まで求められ、複数のサークルの顧問をかけ持ちして土日はその活動で潰れ、リモート開催で調子に乗った学会や研究会や教科書出版社が毎週のように土日に研究会や出版物の宣伝セミナーを開催し、地域の政治がかった委員会や組織の顧問を受け持ち、論文を書き、本を出版し、テレビのニュースコメンテーターなどで露出を増やして大学名をアピールし、通常の授業や会議に加えて研究だ、競争的研究費の獲得だ、学生集めだと全ての業務をこなさないといけない上に、毎年年度末にはその年の研究業績だ、教員活動評価だ、学生からの授業評価だ、ベストティーチャー賞だ、授業評価に対して逐一教員がフィードバックコメントを返せだと、どこかの体育会系企業のノルマなみにうるさく厳しく忙しく過酷な環境にいる。それに加えて文科省からの上から目線の毎度毎度の全国調査だのと、教員は寝る間もない時間をさらに奪い取られる。授業と試験と入試業務だけで手いっぱいなのに、深夜までの長時間労働当たり前、残業代ゼロ、モンスター学生の対応、大学入学共通テスト監督とそのセミナー＆説明会、色んないらない教職員研修会、横暴で低レベルの学生にも笑顔で我慢、学級崩壊したら教員の責任、それ以前に体壊しても自己責任、学校のイベントは自腹、土日は学会かそれに出れればいい方で、サークル活動で潰れる。そうじゃなければ高大連携、出前授業、オープンキャンパス、高校訪問などの学生集めの営業で潰れる。昨今は異常気象で平日に襲った台風や大雪などで授業が潰れて休講になった分の補講で土曜日が奪われる。研究や執筆で土日が潰れるのは幸せな方。いじめ、足の引っ張り合い、マウントの取り合い、頓珍漢、お粗末、本末転倒、残酷、過酷な環境がエンドレスに揃っているのが教育現場であり、その現場は日本社会の縮図である。大学教員でオープンキャンパス、高大連携、出前授業、高校訪問、公開講座というパワーワードを知らないのは潜りか、そういう学生集めの外回りの営業が必要ない超有名一流大学の教員かのどちらかであろう。万人は等しく24時間しかないのに、これを全部こなせるスーパーマンはいるのでしょうか？研究者の道は限りなく茨の道である。医者ほど社会的評価は高くないわりに、医者に負けず劣らずの重労働で真面目に研究を重ねる教員には休日はほとんどない。当然お金を使う時間もないから必然的に金が貯まるというだけで、金の使い方は知らないし貯め込むだけのしみったれが多い。私の知っている限りでも、億越えのフェラーリのスペチアーレ１～２台は余裕で買える金額を貯め込みながら、大金を残して独身のまま若くしてこの世を去った大学教員が何人かいる。「休まず、目立たず、働かず」は公務員のみならず大学教員でも基本原則である。いや、日本人全体の気質と言ってもいいかもしれない。そして希望と能力に満ちた若い教員は、神経も体力もすり減らして無駄に人生を浪費させられ、結果精神を病んで病気退職が関の山。2024年1月にはネット記事で「精神疾患で休職が過去最多」への対策急務、教員に燃え尽きが生じやすい訳 悪循環から抜け出すには」と報じられているが、またこれで文科省は何十ページにもわたって何十項目もある原因究明のアンケートを課すのだろう。文科省の官僚は、教員不足の全国調査だの教職員の業務調査だの、形だけの意味のない調査ばかり繰り返してないで、ただでさえ忙しい教員の時間をこれ以上奪うな。ぬくぬくと胡坐をかいて机上の空論ばかり言ってないで、自分が代わりに教員として働いてみたらどうだ？こんな雑用、偉そうに何度も意味のない調査を税金でやっている暇があったら文科省の役人がやればいい。

さらには横文字を使えばカッコイイとでも思っているのか、どこぞのセミナーの安直な受け売りで一時はCan Do Systemなるものも流行っていたが、実に中身のないものだと分かりすぐに廃れた。いまは猫も杓子もこぞってSDG'sと「多様性」が流行りである。さて、そのベストティーチャー賞なるもの、怪しい個人経営の学習塾辺りが大好きで、先生は2人しかいないのに「今月のエースティーチャー」だの「ベストティーチャー」だのとしきりにやって失笑を買っていたが、今や全国どこの大学でも大流行である。特にＦランと称される大学にこの傾向が強い。ティーチャーという言葉の原理原則論で言うと、ティーチャーとは教える人＝教師であり、ティーチャーは高校までの“先生”である。日本では高校も大学も、果ては政治家や格闘家までも“先生”と呼ばれる。大学の教員はすべからく研究者でスカラーであり、そもそも大学にティーチャーは存在しない。ベストティーチャー賞なんて言葉からして、大学教育の矛盾と大学の存在理由を卑しめるもので、行く所のない学生の収容所か就職予備訓練校という現在の大学の実態を如実に表していると思うのだが。うんちくついでに言うと、国立大学の先生は「教官」であり、官という漢字からも分かるように公務員として扱われる。一方私立大学の先生は「教員」であり、員という漢字からも分かるように会社員である。学位の博士（博士にも、一生をかけて取得するような最高難度の“論文博士”と、3年間の博士課程を終えると貰える留学生の手みやげ程度の“課程博士”の2種類がある）、修士、学士と役職の教授、准教授、講師、助教、非常勤講師というヒエラルキーの違いも分からず博士イコール教授という思い込みも強く、学長や副学長、学科長という肩書き、理事長と学長という肩書きの違い、さらには学長と理事長を兼ねる総長という肩書きの違いも分からない大学生はじめ、一般人があまりに多すぎる。ただ、立場や役職がどうあれ、大学組織から教員は評価される側という立場は不変で、学生による教員の授業評価、理事会や事務員による教員活動評価はあるが、学生や教員による事務員評価や理事会評価というものは存在せず、こういう所にも教員は下っ端の使い捨ての駒としか見られていない大学組織のヒエラルキーが見え隠れする。2023年9月に「教員の志願者、減少続く 過去最低の地域も」というネット記事が躍り、公立学校教員の2024年度採用試験の志願者は全国で計12万7,855人で、前年度から6,061人（4・5%）減ったことが報道されていたが、現状を見れば当然であろう。こんなブラック業界、誰が好んで入りたいと思うか。他にも、「「1日の休憩時間はわずか数分…」「月48時間超える時間外勤務…」教員の働き方改革どうする…？知事と有識者が意見交換 知事「県民と広く議論して理解を求めることが重要…」」、「初任で、いきなり学級担任。それが、教員不足を加速させている」だの、こうした教育現場と教員不足を嘆く記事は枚挙にいとまがない。小中学校の教員程ではないかもしれないが、大学教員も決してその例外ではない。こんな無駄な検討会やアンケートはもういいから、一刻も早く業務改善に動けばいい。教員の働き方改革なんてことが言われ始めてから10年以上経つが、いつも「広く議論」とか「国民の理解を求める」とかぼんやりした話でポーズだけで終わり。業務を減らせないならそれ相当の報酬を出す。財務省が金を出してくれないのなら業務を減らすという当たり前のことをいったいいつまで話し合ってんだか。挙句の果てが「大学3年生で教員採用試験 専門家は「処遇よりも業務量の働き方改革を」と指摘」と、前倒しで教採を行うとか、てんで話にならない。

昭和の時代には教員は“聖職者”と崇められが、今やそんな言葉はとっくに死語であり、精神を病んで離職する最底辺のブラック職種としか見なされていない。今や大学教員の実態は性質こそ異なれど、小中学校教師とさほど変わらない。不良学生を注意することさえできない教員が学生から舐めに舐められ、そうした教育職のうっぷんが『小悪魔教師サイコ』みたいなゆがんだ漫画になって描かれるのだろう。また2023年10月にネットで「深刻化する大学生の学力低下、電話連絡に担任制…“中学校化”する大学増加で起きること」という記事があげられ、日本の大学生の学力の低さと大学の対応力のなさがようやく問題視され始めたが、こんなことは二十数年前から起きていたことである。かつての酒田短大、日本橋学館大学の件はお忘れだろうか。大学で生きる人間にとってこの二つは大変な衝撃であったが、今の大学も本質は大して変わっていない。岡部恒治、西村和雄、戸瀬信之『分数ができない大学生―21世紀の日本が危ない』（東洋経済新報社）以降大学生の学力低下が叫ばれて久しいが、学生の学力を嘆く前に大学という組織が烏合の衆である。昨今の大学には、インスタグラムで学生募集することを恥ずかしいと思う感性すらない。YouTubeでの迷惑動画が社会問題になって久しいが、Facebook、TikTok、X（旧twitter）、インスタグラムなど、SNSがどういう色合いのものか分かるだろう。広告効果だけを狙って貧すれば鈍すでそこまで頭が回らないのだろうか、大学は最高学府としてのプライドも品格もなくしてしまっている。こんなのを見て応募して来る学生の質なんてたかが知れている。しかしそれでも集まらないよりはマシという窮余の一策なのだろう。中1英語のbe動詞の変形すら出来ない大学生が増えた中、そういう現状と再教育をシラバスに書いたら大学で教えるレベルかとバッシングを浴び、こうした現状に対してきちんと中学レベルから再教育していると新聞紙面で反論した日本橋学館大学の当時の学長の主張の方が、至極まともにさえ思える。大学の授業中に寝っ転がって漫画を読んだり爆睡する学生、それを注意した教員の方が悪者にされ、大学に報告したら大学上部からは煙たがられ、逆に教員の指導力のなさということで首を斬られるのが今の大学の実態である。学生もAOだの付属校からのエスカレーターで入学してきて入試というふるいにかけられたことがないから試験というものに対する考えが大甘で、大学も教員も大人も世の中も舐め切っており、少子定員割れで学生をお客様扱い、神様扱いで助長させ、助成金目当てと退学率の増加を恐れて甘やかして教育を放棄しているのが今の日本の大学の実態である。さらには退学率を下げるための苦肉の策で、それまでの出席状況などから単位取得が不可能そうな学生は、学期の授業後半でその科目の登録自体を取り消して登録した事実と過去さえなかったことにするシステムで、どこまでも学生に媚びを売り、学生を甘やかすシステムが横行している現実がある。こうした危ない大学の実態はネット記事の「「教職員用」危ない大学とはこういうところだ」で詳しいし実際この通りなので、大学教員を目指す方、受験生はネット記事と馬鹿にしないで一度この記事を読まれたほうがいい。

私が30代の頃の話だが、入試課長を兼任していた教授は年間30校も高校訪問をし、高校の進路部の先生に土下座して学生をお願いし、自分の子供が小学校に入学してから卒業までの6年間、一度も子供の学校行事に出れなかったなんて話はざらだし、学生課長を兼務していた教授は万引きはじめ諸々の学生の犯罪で毎週桜田門に事情聴取で呼び出され、1ヶ月で20キロほどげっそり痩せて髪の毛が全部白髪になった。表沙汰にならないだけで、今日び大学のこうした残酷物語は履いて捨てるほどある。有給休暇5日取得を義務付けられて、休みを取らないとペナルティーで勤務先に罰金払わせて無理矢理休ませて、税金から高給むしり取る税金泥棒政治家と官僚がうわべだけの制度作って、何がSDG'sだ、働き方改革だ？ 2030年以降にはこんな言葉はとっくに死語になって、権力と金に踊らされてこんな言葉を標榜していた人間が恥をかくのは火を見るより明らか。毎日授業が入って土日に働いた分の代休さえ取れないのが現実だし、休んだら休んだ分だけ仕事が溜まって、溜まった仕事を家に持ち帰ってさらに大変になるのが実態で、この国の本質も国民性も昭和の“月、月、火、水、木、金、金”の感覚から何一つ変わっちゃいない。世間一般では大学教員は有閑趣味人の変人としか思われていないだろうが、その実態は世間が考えるイメージとは遠くかけ離れていて、とんでもなく厳しく忙しい。オンとオフの境が曖昧で、現場は休めずに有給休暇中も深夜まで自宅で仕事しているのが現実なんだよ。この30年間、学生のレベルの低下に目をつぶって中国人留学生の大量入学でごまかし、スポーツ推薦の入学者で何とか学生を保ち、AO入試でどんな低レベルの学生でも受け入れ、大学は目先の学生集め、政治家は票集めのために地元の祭りや集会にばかり顔を出して天下り先とポケットマネー増やしのための無駄な大学の乱立、文科省は意味のない形だけの全国調査の繰り返ししかしてこなかったのだから、今更政治家や官僚がうわべだけの対策をしても、すでに手遅れである。

栗本慎一郎『明大教授辞職始末』（講談社）で詳しいので詳細はそちらに譲るが、かつて明治大学で大量留年が問題になったが、今の大学に果たしてそれくらいの気概があるだろうか。木村 誠『大学大崩壊』（朝日新書）、中岡慎一郎『大学崩壊』（早稲田出版）、川成 洋『大学崩壊』（宝島社新書）など、大学の危機的現状を訴えたその手のジャンルの書籍が大量にあり、中でも田中圭太郎『ルポ 大学崩壊』（ちくま新書）で詳しいのでそちらに譲るが、この20年以上続く大学の冬の時代は終わりがなく、今後も続くことは容易に予見される。私が大学生の頃にあった『デラべっぴん 』という成人男性向け雑誌の出版社名絡みでその名前が知られていた英知大学が、生徒が増えることを期待してか聖トマス大学（生徒増す大学）に改名して、ソシュールのシニフィエとシニフィアンの音と意味のアナグラムを彷彿とさせるような改革を行ったが、結局はここも潰れてしまった。この30年近く、大学は冬の時代で教職員は凍死寸前で凍傷になりながら耐え忍んできた。2007年に始まった大学全入時代から、短大、女子大をはじめ大学は70年代のランボルギーニ社なみに苦難の連続であった。お嫁さんにしたい女子大1位で、品のいいお嬢様大学のイメージが強かったT女学館短大は2017年に閉学したし、現在に至るまで女子大と短大は学生募集停止、閉学ラッシュである。また4年制大学でも1にも2にも学生集めということで、学力は2の次でAOとスポーツ推薦、指定校推薦、学校推薦など、大人の事情で学力を問わない入試形態が増えすぎたのも問題である。どこぞのアメフト部ではないが、答案用紙に「〜部所属です」と所属する体育会系の部を書けば、それだけで単位がもらえるというレベルの話は枚挙にいとまがない。こういう輩の横暴をまかり通らせる大学は、もはや大学とは呼べまい。一番の被害者は学生でもなんでもない、現場の教員である。また偏差値の高低とは関係なく、昨今は精神的に問題を抱えた学生、家庭のしつけのレベルがなっていない小学生なみの学生が確実に増えた。大学教員は担当教科の専門家である以上に、今やカウンセラーとしての才能も求められる何でも屋である。こういう学生のレベルと最近特に多い迷惑動画で問題を起こす若者の人間的レベルは根底で同じだと思う。いずれにしても、政治と同様に昨今の大学生と大学事情にも、社会的無関心こそが最大の敵である。大学の存在価値は、30年以上前から地方の高速道路やダム、原発と同じで、政治家への忖度で金儲けの道具になっている節がある。しかも2004年に国立大学が法人化されて以降、私立はおろか国立ですら大学の困窮ぶりは目を覆うばかりである。2024年6月に「国立大協会 緊急の声明を公表 財務状況の悪化で、もう限界」とニュースが出たが、そんなのは20年以上前から分かっていたことである。このニュースの前に慶應義塾大学の伊藤公平塾長が国立大学の年間授業料を150万円に値上げすべきという提言が波紋を呼んで当の国立大学が何の反応も見せなかったことが不思議だったが、これが布石であったと考えればなるほどである。AO入試の導入始め、慶應義塾大学が何か発言して先陣を切ると、その他の私大が右へ倣えでその後に続くことは慶應義塾大学の石川忠雄塾長が日本私立大学連盟会長だった頃から、あるいはそれ以前から見られたことである。それどころか伊藤塾長の発言をここぞとばかり皮切りにして国立大学が文科省や財務省ではなく世間一般に窮状を訴え、学生やその保護者に向かって授業料値上げの正当性を訴える始末である。政治家は日本を滅茶苦茶にし、文科省は大学教育を破壊し続けてきたのがこの30年である。

税金泥棒の老害政治家がいらん銅像建てたり領収証のいらない裏金をポケットに入れるぐらいなら、この国は大学生の学力低下ぶりに対してもっと真剣に取り組んでそっちに金を使うべきである。15年ほど前にはゆるキャラブームに乗っかり、大学に幼稚園なみのキャラクターの着ぐるみが増えた時期があったが、今考えてもあれは恥ずかしさの極みである。最近は見かけなくなったが、いまだにそんなことやっていたら白い目で見られる嘲笑の種でしかないと大学側も気付いただろうか？同時期に、YouTubeでAKB48の「恋するフォーチュンクッキー」に乗せて大学生はおろか教職員までもが取って付けた営業スマイルでノリノリで踊らされていたが、あれはいったい何だったのだろう。それが今ではインスタグラムで学生募集花盛りで、やはりこの30年間で大学はどこか感性が狂ってしまっている。今の若者に無理矢理媚びを売って人気取りばかりに走り、その痛々しさに気づけないのは、やはりその大学の現状を表しているとしか思えない。不倫風動画で市政をアピールしようとして大炎上したどこぞの市長と同じレベル。ネットの弊害ともいえる思考力を奪われた人間や組織が多すぎる。同じことは自動車業界にも言える。インスタグラムで車屋とディーラーの女性社員の金太郎飴のお遊戯レベルのダンス動画ばっかり流して、何が楽しいのかちっとも分からない。そんなお遊戯動画を見てその店で車を買いたいという気には絶対にならない。こういうダンス動画はネガティヴ・キャンペーンにしかなっていないのに気づけないのだろうか？こうした低レベルな宣伝動画は氷山の一角で、根底では多くの自動車会社の不正や、ひいては日本の産業界全体の空洞化と無能化の一端を表しているとしか思えない。さらに昨今ではどこぞの建設会社のTVCMに見るような、新海 誠監督のアニメ映画、『君の名は』や『天気の子』風の爽やかな絵画のアニメでストーリー仕立てのTVCMが増えたが、それに乗っかって大学までアニメのストーリー仕立てのTVCMを流すところが出てきた。大学がこんな薄っぺらいCMを出すようでは、この国の大学教育は終わっていると感じざるを得ない。そういうCMを見てその大学に憧れる受験生がいるとも思えないのだが。ちなみに映画の『君の名は』や『天気の子』の背景画を描いているのは、私の甥っ子ですけどね。

今の大学生は生まれた時からテロだ、地震だ、津波だ、台風だ、コロナだ、果ては戦争だと、日本の失われた30年の不景気の真っただ中で目は輝きをなくし、心から笑うことができない不幸な時代を生きてきた世代である。そういう学生でも、心底驚き、目を輝かせ、喜びを隠さない。それが「スーパーカー」である。「スーパーカー」で社会貢献、地域貢献、果ては地域おこし、大学おこし、学生の夢おこしに繋げられないものだろうか。2023年にネットニュースで「「研究者」「ゲームクリエイター」を抑えた1位の職業は？小学6年生の男の子が将来就きたい職業ランキング！」という記事が上がったが、そこでは小学6年生が就きたい職業の3位は研究者だそうな。研究者は憧れのカッコいい職業なのだよ。そういう私も、小学生の頃『空手バカ一代』で見た下段蹴りでの一升瓶割りで度肝を抜かれ、「スーパーカー」ブームで見たカウンタックに衝撃を受け、ベイ・シティ・ローラーズの底抜けに陽気で明るくポップな歌で英語に憧れ、子供の時の憧れを全部実現する努力をしてきた。カッコいい研究者はしみったれた偏屈者ではいけない。研究者は、子供に夢を与える職業でなければいけない。そう思って私はカッコよさの具現化の一環として、筒井康隆の『文学部只野教授』（岩波書店）ならぬ「工学部平野准教授」として論文を書き、本を出版し、「スーパーカー」に乗っている。キャ～カッコいい‼

あとは私がいつ「スーパーカー」を降りてもいいよう、**教え子の中から「スーパーカー」オーナーが生まれてくれたら、これに優る喜びはない。いつか一緒に走り、いずれ私が「スーパーカー」を降りる時が来たら、教え子が操る「スーパーカー」の助手席に乗せてもらって病院か墓場まで送ってもらいたいものだ。**

9.4 「スーパーカー」は金持ちだけの特権にあらず

まえがきにも書いたが、**本書の全編に流れるメッセージは、日本に正しい「スーパーカー」文化を定着させたい**ということである。騎馬民族のように移動しないでその場に代々定着することを良しとし、生活様式が車に関係ない農耕民族の日本人の価値基準は、生涯で一番大きい買い物であるだろう家である。だから「スーパーカー」を前にして「これいくらするの？」と聞いて、その車輛価格が分かると「うひゃー、家1軒買えるじゃん!」となる。家を建ててその家の建築費を聞いて、「うひゃー、フェラーリ1台買えるじゃん!」とは絶対にならない。

「スーパーカー」と聞くだけで、その車両価格と維持費から「私なんてとてもとても…」と最初から尻込みしてしまう人が多いが、庶民日本代表の私が爪に火をともした鬼の節約生活で「スーパーカー」が買えたのだから、僭越えでもない限り本気になれば誰でも買える。だから、普通の庶民こそ「スーパーカー」に乗ってほしい。一般に大学教員は高給取りと思われているようだが、とんでもない。大学教員の仕事は研究と教育の2本柱だが、膨大な事務仕事の雑務に追われて研究する時間も体力も残っていないのが実態で、収入についても、大学教員になるまでに21歳くらいで大学の学部を卒業後に5～10年近く大学院（2年間の修士課程の上に3年間の博士課程がある）で授業料を支払い、大学院生という名を借りた修行僧か丁稚奉公のモラトリアムの身分である。運よく大学の専任職に就職が決まっても、大体が20代後半から30代前半で、人より10年遅く就職し、無事に定年まで勤め上げられれば65歳で定年だから、その生涯賃金と勤務年数で割っても給与は決して高いとは言えない。国公立大学の教官（国公立大学の先生は教官と呼び、私立大学の先生は教員と呼ぶことは先述したとおり）の年収は公務員に準じ、私立大学の教員の給与は所属先大学の規模や羽振りのよさで幅はあるが、大体が准教授で一般企業の課長以下、教授でも部長以下くらいと思って間違いない。本人次第で高級車や別荘を持てる程度には稼げるかもしれないが、せいぜいそれくらいで頭打ち。組織に属している限り勤め人の給料額は決まっているし、それ以上は稼げないシステムになっている。そういう人間でも「スーパーカー」は買えるのだから、普通のサラリーマンで買えないことは全くない。

ただし「スーパーカー」を敬遠する理由は、金額などお金の問題だけが要因ではない。オーナーに対する世間の目も大きな要因であろう。高学歴の人間は「スーパーカー」なんぞに目もくれないし、「スーパーカー」＝育ちの良くないやんちゃな若い衆か趣味の悪い成金という暗黙の不文律がある。車高の低さは知能の低さという名言を残したランボルギーニの帝王もいるが、言い得て妙である。そんなのを乗り回したりキャーキャー言うのはきまってガラの悪い輩か頭の中がお花畑の人種という図式が成立してしまっていて、これが30年経った今でも変わっていない。その中でも特にランボルギーニのイメージは悪い。ただただ下品とみっともなさの極みである。日本人はいつからこんな民度の低い国民に落ちぶれたのだろうか？日本はいつからこんなしょっぱい国に成り下がったのだろうか？その反動かこわもてのイメージを払しょくするためか、水色のランボルギーニには決まってドラえもん号などと名付け、ドラえもんのシールを貼ったりするが、これもまた逆効果で恥の上塗りでバカを晒しているようでみっともない。こういうのは小学校低学年のランドセルまでで卒業しましょうね。税金対策で会社の金で不必要にゴテゴテに電飾を飾ったセンスの悪い成金趣味の「スーパーカー」のエンジンを空吹かしして、見せびらかして街中を走る必要があるだろうか？バカを宣伝しまくって恥ずかしくないのだろうか？

「スーパーカー」は成金とバカを見せびらかすための道具ではない。

観阿弥、世阿弥の説く「守、破、離」で離の段階に入ったら、「スーパーカー」は人助け、社会貢献のためにあると強く思う。ランボルギーニの帝王も、あの頃は2人ともまだ駆け出しで何のしがらみもなく、ただ純粋にランボルギーニが好きという気持ちだけでただ一緒に走っているだけで楽しかったね。ランボルギーニというと品のない柄の悪いやさぐれた連中の乗り物というイメージが固定してしまった感があるが、実際にランボルギーニ車には希少な高級車の面影が全くない痛車に仕上げて、イカ釣り漁船かと思うくらいネオン管をチカチカ光らせて空吹かしするだけの、車が可哀想なレベルの族車と変わらない頭の悪い輩の乗り物に成り下がっている嘆かわしい現実が少なくない。日本人の民度も低くなったもんだ。大学生だけでなく、「スーパーカー」乗りにも教育が必要だと思う。またそういうのを黙って受け入れる大衆にも問題がある。そういう車は、本来なら唾棄してそれこそ遠慮なく牛の糞でも投げつけてやるべき対象である。

小学校の同級生にＡ君というのがいた。Ａ君は根はいい奴なのだが、とにかく勉強ができずに家も貧乏だった。その反動からか分からないが、中学生になった頃には横浜銀蝿の大ファンでツッパリに憧れて、自らも長ランにボンタンでツッパリを気取っていた。だがツッパッてみたのはいいものの、小学校でまともに勉強してないからろくに漢字も書けなかったので、ボロいサイクリング自転車のフレームに油性の黒マジックで、しかもひらがなで“くろがねぼそぞく（原文ママ）”と書いていた。おそらく勝手な命名で、くろがね暴走族と書きたかったのだろうと拝察するが、暴走族と漢字で書けなくて仕方なくひらがなにしたものの、“う”が抜けて“ぼそぞく”となっていたのがツッパリの現実を見せつけられているようで、哀愁を誘った。Ａ君がその“くろがねぼそぞく”号にまたがり、口で「ウォ～ン、ウオォ～ン」と叫びながら必死にペダルをこいで天草ののどかな農道を駆けていく姿は、本人は改造バイクにまたがり風を切って街を流す暴走族気どりでかっこいいつもりなんだろうが、傍から見ていると滑稽を通り過ぎて可哀想の一言だった。趣味の悪いデコトラ風ゴテゴテランボを見ると、哀愁の念とともにA君を思い出す。車が可哀想の一言。なんだかんだ言っても、学校での勉強は大事だよ。

またカウンタック購入記の項で紹介した、大学院生の時に住んでいた風呂なし6畳アパートの斜め上の階には、怪しい貧乏夫婦が住んでいた。その夫婦が所有していたバンのリヤガラスには、日章旗に日の丸特攻隊と書かれた手作りのステッカーが貼ってあった。この怪しい夫婦は宮崎出身で、同じ九州出身ということもありこのアパートで私と簡単な世間話をしてくれる唯一の住人だった。多少打ち解けた頃合いを見計らって、ある時恐る恐るそのステッカーについて聞いたところ、破顔一笑、「あおられないように後ろの車に威圧感を示すため」のステッカーであることが判明した。ドラレコがない時代のあるあるである。

話を「スーパーカー」に戻そう。「スーパーカー」の購入にはまずお金が必要ではあるが、だからといってお金があればだれでも買えるというものでもない。メーカーやディーラーの方で選客するし、運転技術と経験も必要になってくる。なによりも、探している条件に見合う「スーパーカー」が自分のところに巡ってくる縁がないといけない。「スーパーカー」の購入にはその人の人間性がもろに出る。

「スーパーカー」は買ってから悩め。悩むなら買うな。

これが鉄則である。そして購入する時の姿勢は、まさに「風林火山」の一言に尽きる。「風林火山」という言葉は武田信玄の座右の銘としても有名であるが、これは兵法の書『孫子』に見える、「其疾如風（疾（はや）きこと風の如く）、其徐如林（徐（しず）かなること林の如く）、浸掠如火（浸掠すること火の如く）、不動如山（動かざること山の如し）」に由来する。この姿勢は「スーパーカー」購入だけでなく、人間の生きざまにも当てはまると思う。イカ釣り漁船みたいな電飾でゴテゴテのチンドン屋風に飾り立てず、さり気なく品よく颯爽と乗りこなしてこそ「スーパーカー」である。

「スーパーカー」は、オーナーの人間性と生きざまそのものである。

9.5 「スーパーカー」は世の中に喧嘩を売る車にあらず

「スーパーカー」はその派手ないで立ちから、嫌でも衆目を集める。「職業は人格を創る」という言葉があるが、私はこの言葉を「ブランドが人を創る」と置き換えている。「スーパーカー」という最強のブランドを持つオーナーにも、ある種の人格が要請される。それは備前長船という日本刀を所有する剣士に求められる心得のようなものである。「スーパーカー」オーナーの中には、成金臭をプンプン漂わせて金を持っていれば何をしてもよかろう的な、札束で人の頬をはたくような金持ち自慢の輩も時折見受けられる。そういうところも「スーパーカー」が人間性の出るリトマス紙であると考える理由である。また「スーパーカー」乗りの運転マナーとして、どうよ？と思うところが多々あるのも事実である。チンドン屋さながらに電飾まみれで無駄に空吹かしして爆音を轟かせながら走る様は、単に「スーパーカー」をストレス発散の道具にしているか、そうでなければ頭がおかしい人間か世の中に喧嘩でも売っている反社会的な人間かと思いたくなる。「スーパーカー」を下品に飾りたくって品位のかけらもない族車にするか、金持ちを見せびらかすだけの道具にするか、飾って眺めるだけの嗜好品にするか、大事に愛でて乗って楽しむか、所有の仕方は人それぞれだろうが、「スーパーカー」にとっての幸せとは何だろうと思うことがある。少なくともチンドン屋仕様で街中で空ぶかしすることではないというのだけは確かであろう。

一方、選挙活動中の政治家って、周りの迷惑も考えず目を血走らせてスピーカーで大音量で候補者の名前ばかり連呼する様は、チンドン屋仕様で街中で空吹かしするランボルギーニ車とそっくりだと思う。しかも政治家って私の子供の時からずっと変わらず、なんでああも嘘くさいインチキ臭が漂うのだろう。私が幼稚園児の頃、選挙運動で候補者が「ご声援ください!」と連呼して選挙カーで家の前を走り回っているのを見て、オカンに「「五千円ください!」って言ったからあげないといかんの?なんであの人に五千円もあげないといかんと?」と聞いて爆笑されたが、この時からすでに私の言語学者人生は決まっていたように思う。今でも確信しているが、あの時の候補者は「ご声援ください」という言葉に紛れて「五千円ください」と言っていたと、自分の耳と日本語のリスニング力を強く信じている。大人になった今では五千円どころか、意味のない増税ばかりでハイエナのごとき税金泥棒の議員ばっかりですやん。政治家って勤勉で真面目な一般人からなんやかんや屁理屈後付けして税金むしり取るばかりで、議員定数削減して自分たちの給料を下げることはしないのね。ガソリンの二重税なんて何のためにあるのか。ビートルズのタックスマンという歌の歌詞ではないが、そのうち運転税とか呼吸税とか勝手に作って、ますます締め付けが厳しくなりそうな気がするのは私だけでしょうか?選挙で候補者が「スーパーカー」で選挙運動して、「一家に一台「スーパーカー」を!」とか「「スーパーカー」の自動車税を値下げ、優遇します」とか公約したら、うっかり八兵衛の私はそれだけで感動してその候補者にうっかり票を入れるかもね。少なくとも選挙活動の時だけの見せかけで、金太郎飴なみにどの候補者も似たような24時間テレビばりのTシャツ姿に鉢巻きで、必死に汗かいてママチャリをこいで元気アピールするしか能がない、嘘臭くてわざとらしい昭和スタイルのインチキ政治屋なんかよりはるかに好感が持てるのだが。その大嫌いな政治家であるが、例外的に田中角栄が将棋の米長邦雄に語った言葉だけは納得できるもので、今でも記憶に残っている。それは、「まず第一に人間は努力することが大切であり、努力すれば必ず成果が上がるということ。そして次に、成果が上がった分だけ、他人は羨む、妬むということに気付かなければならない。第三に、他人の嫉妬心に気付いたなら、それに対して配慮をしなければならない。そして第四に、人間は、いかなる場合にも、嫉妬する側ではなく、される側に立たなくてはならない」（米長邦雄『人生一手の違い―「運」と「努力」と「才能」の関係』（祥伝社））というのがある。若い時の私は、それが分からなかった。「俺はお前の何百倍も努力して結果を出してるんだから、お前ごときに文句言われる筋合いはない」と、井の中の蛙で天上天下唯我独尊の空気感をプンプン漂わせていたのだと思う。宮本武蔵の一節であるが、相手はこちらを映す鏡であり、武蔵から漂う闘気が向かう人間全てを敵にするというのがある。なるほど。

現代は歪んだネット社会の蔓延ということもあり、軽佻浮薄な議論と諍いが絶えない。私も職業柄、論争や議論が飯の種となっているところがあるし、そういう世の中にあって、「スーパーカー」がストレスのはけ口となっているのかもしれない。しかし、「スーパーカー」はそういういびつな形でのストレスのはけ口のために存在するのではない。**「スーパーカー」オーナーは、むしろ人一倍品行方正でないといけない。**なぜなら「スーパーカー」の存在そのものがすでに他を圧倒する凶器と狂気であり、それを操るオーナーはその時点で武士（もののふ）だからである。何の世界でも、「実るほど、頭（こうべ）を垂るる稲穂かな」というのは事実である。見境なく拳と理屈という凶器を振り回すのは、中途半端な崩れ者である。拳も言葉も武器であり、相手を斬る剣である。磨き上げた剣だからこそ、鞘の中に収めて抜かない気構えが必要となる。抜く時は最後の時、抜いた以上は斬らなければならない。ただこけおどしに剣を抜き、振り回して見せるのは武士にあらず、ただの阿呆のやることである。それを「気違いに刃物」という。それでも、“男は敷居を跨げば七人の敵あり”で、今の時代、男女の別なくあらゆる場面で敵に囲まれているのが現状であろう。ネット社会の現代は、七人どころか目に見えない無数のいびつな敵に囲まれていると思った方がいい。ネット住人とかネット廃人とか揶揄されるが、ミクシィのコミュニティーなんぞで拙著『ソシュール言語学の意味論的再検討』に対して的外れで独りよがりの批判している輩がいるが、社会生活不適合者の廃人ぞろいのネットなんぞでいきがっていないで、研究者なら同じ土俵に上がって論文で批判するなり本を出すなりして舌鋒鋭く論戦を交えればいい。フェラーリ308の時もそうだ。関東のとある飲食店経営者がみんカラだので私に日本語の使い方を教えてやるなんぞと意気込んでいたので、直接その人にメールで連絡したとたんに書き込み削除してなしのつぶてである。

しかし、武田信玄の遺訓に「戦（いくさ）は五分の勝ちを上とする。七分の勝ちを中とし、十の勝ちを下とする」という言葉がある。合気道養神館の達人、塩田剛三氏は「最強の技は、自分を殺しに来た敵と友達になること」と至言を残されたが、達人クラスになると可能な武の境地であろう。武とは、「戈（ほこ）を止める」と書いて武である。戈は「いくさ」とも読む。こうした、あらかじめ衝突を避けるのが武の神髄である。武の達人として名高い塚原卜伝は無益な戦いは避けることを信条の一つとしていたが、卜伝の後継者決定のエピソードが有名である。卜伝が三人の息子の一人に家督を譲るにあたって試した方法で、木枕を自分の部屋の帳の上に置き、知らずに部屋の戸を開けるとそれが頭上に落ちる仕掛けを作り、これに三人の息子たちがどう対処するかで誰を後継者にするか見極めようとした。卜伝は最初に長男の彦四郎幹秀（もとひで）を呼んだが、幹秀は帳に軽く手を触れるとすかさず何か異変を感じ、手を止めた。そして帳の上にある木枕を見つけ出し、それを取り除いて何事もなかったように平然と卜伝の前に端座した。次に卜伝は次男の彦五郎を同様に呼び寄せる。次男は落ちてきた木枕を瞬時に身をかわしてよけ、脇差に手をかけて周囲を伺い、そののちに着座した。最後に呼んだのが三男の彦六である。彦六は勢いよく帳を開け、落ちてきた木枕を抜き打ちにして真っ二つに斬り捨てた。結果、卜伝が家督を譲ったのは長男の彦四郎で、三男彦六は勘当された。卜伝は彦四郎に「己の状況を把握して危難を未然に防いだ兵法の利」の完成を見て家督を譲ったのである。また卜伝には、高弟への「一の太刀」の免許皆伝にまつわる逸話も残されている。ある時この高弟が馬の後ろを通ったところ、馬がいきなり後ろ足で蹴り上げてきた。その瞬間この高弟は目にもとまらぬ速さでひらりと身をかわし、それを目にした人たちは「さすが卜伝先生の高弟だ」と口々に称賛した。ところがこの話を聞いた卜伝は「極意を授ける器ではない」と怒って、この高弟に免許皆伝を許さなかった。人々はそれがなぜか分からず、卜伝ならどうするのか試そうと荒い馬を路傍につないで卜伝を呼んだ。すると卜伝は馬の側を避け遠く迂回したため、馬も跳ねずに何事もなく通り過ぎていったのである。人々は意味が分からず卜伝に問いただしたところ、卜伝の答えは馬というものはそもそも跳ねるものでありそれを忘れてうかつに後ろを通る方が間違っている。運良く身をかわしたからよかったものの、しくじっていたら武士としてこんな不覚と恥はない。何事においても油断しない者が真の達人である、と。

また卜伝とは別の話に、一代の名横綱と謳われた双葉山（のちの時津風親方）の逸話がある。70連勝の大記録を目前にして平幕の安芸の海に敗れた直後、四国にいる無二の親友に双葉山が「ワレイマダ モッケイタリエズ」（我未だ木鶏たりえず）と電報を打った。木鶏とは中国の故事『列子』からの引用で、この話は闘鶏好きの王が一羽の鶏を手に入れ、この鶏を最強に仕上げる話である。王がその鶏を最強に仕上げるために、中国で最も優れた闘鶏調教師にその鶏を預けた。十日ほど経って問い合わせたところ、「いや、まだまだとても駄目ですな。自分の強さを誇示しようとむやみやたらと空威張りをしますから」と言う。それからまた十日後問い合わせると、「いや、残念ながらまだ…他の強そうな鶏の声や姿に興奮し、いきり立ち、前後の見境なくすぐ飛びかかろうとするので全く使えません」とつれない。さらに十日後、王がさすがにしびれを切らして「いくらなんでももうどうだ？」と問い合わせたところ、調教師は「強くはなりましたが、まだ相手を見下そうとする自負心の邪念が残っており、これでは闘鶏の王者となることはできますまい」と首を縦に振らない。こうして四十日経ったある日、調教師は静かに胸に抱かれるまるで木で彫られたような身動き一つしない鶏を示しながら、王に「之(これ)を望めば木鶏に似たり、その徳全(まった)し」と言い、最強の強さを持った闘鶏の完成を報告したという。そこに通底するのは「戦わずして勝つ」という、武道だけでなく人生に通じる妙技であろう。孫子の言葉にも、「百戦百勝は、善の善なる者にあらざるなり。戦わずして人の兵を屈するは、善の善なる者なり」とある。ようは「君子、危うきに近寄らず」ということであり、「降りかかる火の粉は避けて通れ、払えば袖に火がつく」という教えで、これが武道精神である。しかし達人になればそのオーラと存在自体がすでに他を圧しているので、無益な争いは起きないものであろう。抜かなくてもいいように、剣の技を磨くのである。スクーターをあおってくる輩は星の数ほどいるが、「スーパーカー」をあおってくる奴は皆無である。なぜなら、「スーパーカー」だから。

「スーパーカー」の存在意義も、武の達人に近いのではないだろうか。分かる人には分かるし分かる人だけ分かればいい。

エピローグ：すべての車に愛される男

思えば幸せな車人生だった。こんなに好きな車に乗れた人間も、そうそういないだろうという自負はある。「スーパーカー」は、その高額な価格だけでなく、維持の難しさ、維持費の高さから敬遠されがちである。それ以外にも、嫌でも目立ってしまうフォルムや見た目の華美さも敬遠される要因の一つであろう。しかし勇気を出して一歩を踏み出し、そんな「スーパーカー」との金波銀波の生活を送っているうちに、気付けばあなたはそれまでの小さい心配事は屁にも思わないような、ステップアップした自分を感じるようになるだろう。軽自動車しか知らなかった人間が、外車に乗り換えたとたんに興奮気味に外車の良さについて語り出し、田舎モンのおのぼりさん丸出しで“あがり”と勘違いするのに似てはいるが。しかしそうなれば、もはやカウンタックのクラッチ交換くらいでは動じない漢になっている。世の中には、全損した「スーパーカー」を一から修理し直して復活させた武勇伝を持つ漢の話は後を絶たない。出世魚のブリが成長に応じて名前を変えるように、清水の舞台から飛び降りる覚悟で「スーパーカー」を買うだけで精一杯だった人間から「スーパーカー」を持っている人間になり、さらに「スーパーカー」を乗っている人間となり、そして「スーパーカー」を楽しんでいる人間になる。そう、その瞬間から、「スーパーカー」は心の通じた相棒となる。それはまるでガンダムを操縦するアムロ・レイか、はたまたはるかに巨大なパワーの猛牛や暴れ馬を自分の意のままに操るマタドールにでもなったかの気分である。「スーパーカー」のドライブは、心理的に乗馬かロデオに近い。フェラーリのエンブレムの跳ね馬も、ランボルギーニのエンブレムの猛牛も、この気分を盛り上げるのにピッタリである。マクラーレンの三日月みたいなマークを見たオッサンから不審そうに「月光仮面？」と訊かれ、妻から無邪気に「ナイキ？」と訊かれた時には固まったが。

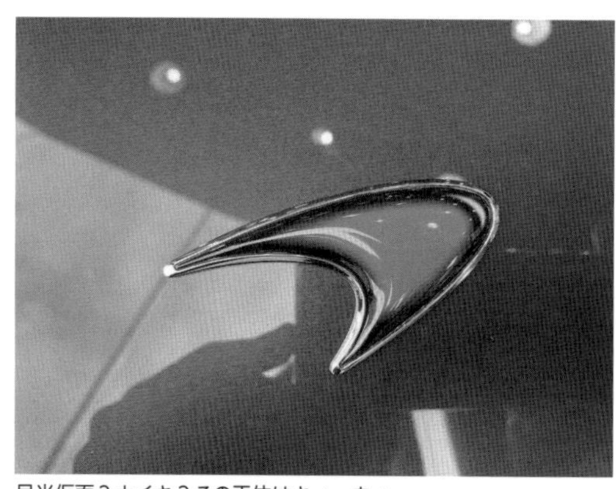
月光仮面？ナイキ？その正体はキィーウィ

『スラムダンク』で有名な井上雄彦の作品で、ひそかに一世を風靡した『バガボンド』という宮本武蔵の生涯を描いた漫画がある。その中で佐々木小次郎と斬り合い敵対する落ち武者が小次郎に対して、「其処(そこもと)は全ての刀に愛される男だ」と驚愕する1コマがある。このことを知ってか知らずか、私も以前ある人物から「全ての車に愛される男だ」と言われたことがある。「スーパーカー」に限らず、車好きにとってこれ以上の誉め言葉はないであろう。私もこの言葉にいたく感激し、たいそう気に入って今でも事あるごとにこの言葉を引き合いに出して自慢している。かつて整備工場に置いてある私のカウンタックを見た他の客が、「この車は金以上にオーナーの愛情がかけられているのが分かる!」と驚嘆されたということを、興奮気味に話すその時の整備士から聞いたこともある。分かる人には分かる。それだけでいい。

まえがきにも書いたとおり、本書の目的は一般の大衆にも「スーパーカー」の正しい姿を知ってもらうことにある。その最初は正しい「スーパーカー」用語をきちんと身につけてもらいたいという点から始まる。聖書にもある通り、"はじめに言葉ありき(In the beginning was the Word)"なのである。今時の若者はお洒落で、男子学生でも普通にイヤリングを付けている。そんな学生に気を使って「綺麗なイヤリングだね」なんて言おうものなら、「ピアスです‼」ときつく訂正される。姪っ子が付けている後ろ髪を「ヅラ」と呼んだら、「これはエクステ‼」と怒られた。イヤリングは耳たぶに穴をあけないで耳たぶを挟んで飾るもの、ピアスは耳たぶに穴をあけるものという区別らしい。それを聞いてなるほど!と納得して、ピアスが英語のpierce(穴をあける、貫通する)から来ているんだねと言ったら英語が分からなかったのか理屈臭いとウザがられる始末である。エクステに英語のextension(延長、継ぎ足し)から来てるんだねと言っても同じである。ソシュールのソの字も言語学のげの字も知らない若者でさえ、日常生活の中できちんとソシュールの言うシニフィエとシニフィアンを使い分けて、言葉で世界を分化しているではないか。

しかるに「スーパーカー」の世界はどうか?まえがきの繰り返しになるが、**ランボルギーニ車のドアをガル・ウィングと呼ぶ知ったかぶりが相変わらず後を絶たない。この国ではドアが上に開けば、全部ガル・ウィングである。日本は70年代から「スーパーカー」文化が定着も、進展もしていない。**ピアスだエクステだと騒ぐ小僧以下である。ましてや、マクラーレン車の上に開くドアを「ディヘドラル・ドア」と正式に言える人間なんて、それこそディーラーの関係者か私みたいな超の付くマニアしかいない。理由は簡単。「スーパーカー」はピアスやエクステほど日常にも大衆にも浸透していないから。私が「スーパーカー」なんぞという化け物みたいな構造物に興味を持ったのも、言語学の、しかも意味論なんて一番つかみどころのない抽象物を長年研究の対象としてきた反動からだろう。それは音楽家のカラヤンと同じ衝動かもしれない。世界的名指揮者として名高いカラヤンはポルシェ911 ターボRSとランボルギーニ・カウンタックを所有し、こよなく愛した。その理由は、カラヤンの求めた音楽という抽象物とこの二台の化け物の、メカニズムの追求と究極のフォルム、エンジニアリングのロジカル性とエレガントさという通底する考え方にある。

思えば遠くへ来たもんだ。その反面、カウンタックを買ったあの時あの瞬間から一歩も踏み出していない気もする。もっと言えば、小学1年生の夏に第1次「スーパーカー」ブームで受けた洗礼と、カウンタックで受けた衝撃でパンチドランカーならぬ「スーパーカー」ドランカーになったあの頃から全く変わってない気がする。私の今の生き方の原点は、間違いなくこの辺にある。そして永年「スーパーカー」と過ごしてきた経験から、一つだけ自信を持って言えることがある。それは、**やっちまった後悔は時間とともに小さくなるが、やらなかった後悔は時間とともに大きくなる**、ということ。

諸行無常は世の常であり、人の心もまた変化する。政治をはじめ、大学教員の世界も近所づきあいにも、世の中にはあらゆる面で大小多少の圧力と忖度と歪んだ権力が蔓延している。それに屈し、世の中に媚びを売るのが大衆車とすると、「スーパーカー」は圧力と忖度と歪んだ権力に屈することなく、時代が変わろうが人が変わろうがそんな波騒にはお構いなしに、どこまでも自己探究の我が道を行く存在であり、漢の姿そのものである。その根底に流れる熱き血潮は、宮本武蔵の独行道の精神に通じる。学問も武芸も「スーパーカー」も、無限の頂上を目指す克己の道である。だからこそ、**個性のない無難な時代としょっぱくて情けない国に落ちぶれた日本で、ぶれない自分を持ち、強烈な個性を発揮して何が悪い!?** 別に「スーパーカー」を見せびらかして女にもてようとか格好つけたいわけじゃない。漫画『アイアムアヒーロー』や『半グレ—六本木 摩天楼のレクイエム—』のセリフではないが、自分の人生なんだから自分が主役になりたいだけだ。だったら**車くらい好きなのに乗らなくてどうする!? 好きだから乗って、今も乗っている。ただそれだけ。あなたの人生の主役は誰？**

「スーパーカー」は人間性を映し出すリトマス紙だと本文で書いたが、「スーパーカー」に対して異常なほどやっかみや見栄をむき出しにしてくる人種がいる。そういう人種は負けず嫌いの見栄っ張りで、その車輛価格だけを槍玉にあげてやたらと敵対心をむき出しにしてくる。そして挙句の果ては、自分もその気になれば「スーパーカー」の1台くらい買えるのにやれ女房子供がいるだの孫がいるだのとみっともない言い訳をして、買わない（買えない）理由を常に他人と環境のせいにする。本人は舞台に上がってすらいないのに、外野席からしたり顔して的外れなうんちくとヤジだけは飛ばす。「スーパーカー」を買う人は女房子供や孫がいようと関係なく買うし、買わない人は女房子供や孫がいなくても買わない。もっと言えば、**「スーパーカー」を買う人はたとえそれが1億円でも買う方法を考えるし、買わない人はたとえそれが1千万円でも買わない理由を考える。**それくらい、車に対する人間性が二極分解してはっきりと出る。私の知り合いに孫が13人もいてランボルギーニ・ムルシェラゴを買った人がいるが、その人とはよく一緒に走ってあちこちおいしいものを食べに行っている。そういう人は考え方も行動もパワフルで生き様も豪快で、話を聞いているだけでこっちまで楽しくなってくるから不思議である。**「スーパーカー」とはドブの中でも前のめりの精神の、ポジティブの塊のような人が乗る車である。**

「スーパーカー」にかかわる必要もないただのギャラリー側の人間は、外野で草木になって黙って見ていればいい。「スーパーカー」が好きな人、「スーパーカー」購入で迷っている人は、手の届く範囲で中古でもなんでもいいから四の五の言っていないで、まずは「スーパーカー」を買おう。

お楽しみはそれからだ。

初出一覧

本書の元となるのは、第1章～第4章までは2006年6月「猛牛維持ふにゃふにゃ日記」『松中完二の世界』であり、第8章は2024年3月31日「スーパーカー再考―マクラーレンについての一考察―」久留米工業大学インテリジェント・モビリティ研究所編『研究報告』第7号、pp.11-70.であり、この二つに大幅に加筆、訂正を施したしたものである。それ以外の部分は全て、今回新たに本書にむけた書き下ろしである。

オリジナルの日記や論文はネットで公開されており、以下のアドレスで閲覧が可能である。興味のある方はご参照頂ければ幸いである。

http://kanjiworld.s28.xrea.com/x/htm/iji.htm

https://le-design.jp/iml.jp/

掲載論文一覧

1）2018年３月31日「フェラーリとランボルギーニ―「スーパーカー」の定義と存在意義―Part 1」久留米工業大学インテリジェント・モビリティ研究所編『研究報告』第１号、pp.35-46.

2）2019年３月31日「フェラーリとランボルギーニ―「スーパーカー」の定義と存在意義―Part 2」久留米工業大学インテリジェント・モビリティ研究所編『研究報告』第２号、pp.27-63.

3）2020年３月31日「フェラーリとランボルギーニ―「スーパーカー」の定義と存在意義―Part 3」久留米工業大学インテリジェント・モビリティ研究所編『研究報告』第３号、pp.13-43.

4）2021年３月31日「フェラーリとランボルギーニ―「スーパーカー」の定義と存在意義―Part 4」久留米工業大学インテリジェント・モビリティ研究所編『研究報告』第４号、pp.1-32.

5）2022年３月31日「フェラーリとランボルギーニ―「スーパーカー」の定義と存在意義―Part 5」久留米工業大学インテリジェント・モビリティ研究所編『研究報告』第５号、pp.1-40.

6）2024年３月31日「スーパーカー再考―マクラーレンについての一考察―」久留米工業大学インテリジェント・モビリティ研究所編『研究報告』第７号、pp.11-70.

その他写真・インタビュー、車輛、走行シーンなど掲載雑誌・DVD・動画など

雑誌

1）2004年９月１日「ランボで楽しむ人々」『GENROQ』2004年９月号、pp.80-81. 三栄書房.

2）2005年11月1日「LP400レストア完成」『Rosso』2005年11月号、p.151. ネコ・パブリッシング.
3）2005年11月1日「ランボルギーニは世界を笑顔にする」『GENROQ』2005年11月号、pp.165-167. 三栄書房.
4）2005年12月1日「初めての愛車がカウンタック」『特選外車情報 カウンタック・オーナー 30人の本音』2005年12月号、pp.36-39. ／ p.50. KKマガジンボックス.
5）2005年11月1日「Lamborghini Gallardo Spider in Dealer」『Rosso』2005年12月号、pp.38-39. ネコ・パブリッシング.
6）2006年1月1日「カウンタックミーティング2005」『Rosso』2006年1月号、p.158. ネコ・パブリッシング.
7）2018年4月28日「落ち着いたトーンの外壁色にこだわった永遠のスーパーカー少年の秘密基地。」『ガレージのある家vol.40』2018. pp.74-79. ネコ・パブリッシング.
8）2020年1月30日「落ち着いたトーンの外壁色にこだわった永遠のスーパーカー少年の秘密基地。」『ガレージのある家Best100 Vol.6』2020. pp.24-25. ネコ・パブリッシング.
9）2020年8月19日「黄色いフェラーリとビートルが眩しい! スーパーカーを乗り継いだオーナーのガレージ&スーパーカーライフ」『Garage Life IN THE LIFE』pp.1-3. ネコ・パブリッシング.
https://inthelife.club/articles/detail/79901

DVD
1）2011年12月29日『スーパースポーツカー DVDシリーズVol.1 king of supercar Countach』マガジンボックス.
Chapter.4 0:35:06、0:36:40、0:37:19、0:37:25、0:38:50、0:38:54
2）2012年8月24日『SUPERCAR Selection Vol.1 Lamborghini COUNTACH』リバプール株式会社.
1:14:58:29、1:14:58:50、1:14:60:70
3）2014年1月24日『Lamborghini COUNTACH RED & BLACK』リバプール株式会社.
Chapter 5 0:26:30
4）2017年8月25日『Spirit of the Lamborghini Flagship 12 cylinder model カウンタックからアヴェンタドールへ』リバプール株式会社.
Track 1 Chapter 3 30:15、30:54、31:16、32:27～35

YouTube
1）2017年11月23日「第4回 リップルランド オールドカー フェスティバル」
8:26～8:51、
https://www.youtube.com/watch?v=zcXV3z5_Auo
2）2018年11月25日「2018 第5回リップルランド オールドカーフェスティバル」
14:07～14:26
https://www.youtube.com/watch?v=bbWNWOQX-2Q
3）2019年11月24日「2019リップルランド オールドカーフェスティバル」
4:21～4:26、5:08～5:11、
https://www.youtube.com/watch?v=1i8mqLhKOGo&list=PLonrllUel-htWRV1C3xv2Yolngpy6lNXy&index=15
4）2019年11月25日「2019 第6回リップルランド オールドカーフェスティバル」

4:39～4:44、15:02～15:09、15:35~15:43、
https://www.youtube.com/watch?v=Sm_Nyu 5 UyJM

5）2020年８月11日「旧車イベントに行ってきた2019リップルランドオールドカーフェスティバル 再アップ」
3:52～3:55、
https://www.youtube.com/watch?v=hQBx-JJbCyw&list=PLonrllUel-htWRV 1 C 3 xv 2 Yolngpy 6 lNXy&index=10

6）2021年６月30日「「なるふちダムの朝」車好きが集まるカーミーティング」
1:52～2:03、4:58～5:00、5:12～5:14、8:48～8:52、8:56～8:57、9:09～9:39
https://www.youtube.com/watch?v=r 1 HwccpIKx 0

7）2023年６月20日「かずえぼTV なるふちの休日 20230611」
1:31～1:36、2:52～3:06
https://www.youtube.com/watch?v=GJ 0 ebVC 4 UKo

8）2023年10月26日「かずえぼTV 久留米工業大学 愁華祭2023」
3:03～3:14、11:21～11:27、11:35～11:49、14:45～14:46
https://www.youtube.com/watch?v=Rk 2 U-sQFaOQ

9）2023年11月26日「【カーイベント】第10回 リップルランドオールドカーフェスティバル（前編）」
30:50～34:20
https://www.youtube.com/watch?v=zOIMba-tlA 8

10）2023年11月26日「【カーイベント】リップルランドオールドカーフェスティバル（前編）」
30:50～34:20
https://www.youtube.com/embed/zOIMba-tlA 8

11）2023年11月29日「【カーイベント】リップルランドオールドカーフェスティバル（後編）」
19:00～20:24
https://www.youtube.com/watch?v=k 1 _N 9 WombnQ

12）2023年11月30日「【カーイベント】第10回リップルランドオールドカーフェスティバル（終）」
0:00～0:08
https://www.youtube.com/watch?v=dXfBjyU 9 LPI

13）2024年11月26日「リップルランド オールドカーフェスティバルに行ってきた」
1:26 ～ 1:57
https://www.youtube.com/watch?v＝M 9 C 4 msef-Z 0

著者近影

著者プロフィール

1968年、熊本県天草市生まれ。早稲田大学卒。国際基督教大学（ICU）大学院博士後期課程単位取得満期退学。日本学術振興会特別研究員（PD）に採用後、2004年にICUで論文博士として博士号（学術）を取得。現在、久留米工業大学准教授。専門は言語学（日英語の意味論）。

自動車免許を取得して最初に購入した初めての愛車が、ランボルギーニ・カウンタック25thアニバーサリー。その後フェラーリ308GTSを増車し、フェラーリ360スパイダー、ランボルギーニ・ガヤルドLP560-4を乗り継ぎ、現在はマクラーレンMP4-12Cを相棒とする。

小社刊の著書に『フェラーリとランボルギーニ「スーパーカー」の正体』（2022年11月初版、2023年8月重版）がある。研究面では日本認知言語学会の全国大会査読委員長、映像メディア英語教育学会の『ATEMジャーナル第29号』投稿論文査読員などを歴任し、『ソシュール言語学の意味論的再検討』（2018年、ひつじ書房）等をはじめ、意味論関係の専門書、論文、研究発表、雑記多数。

スーパーカー外伝

2025(令和7)年1月23日　初版発行

著　　者　松中完二

発行・発売　株式会社 三省堂書店／創英社
〒101-0051　東京都千代田区神田神保町1-1
TEL：03-3291-2295　FAX：03-3292-7687

印刷・製本　大盛印刷株式会社

ISBN 978-4-87923-279-3　C0053